文/〔英〕约翰·范登
图/〔美〕史帆·佩特

生动的科学

岩石和矿物

译/冯超

北京语言大学出版社
BEIJING LANGUAGE AND CULTURE
UNIVERSITY PRESS

目 录

寻找你喜爱的岩石或矿物

岩石的世界

我们生活在一个遍布岩石的世界。地球是一颗岩石星球，无论走到哪里，我们的脚下都有岩石的存在！我们的家、我们的科技产品，从汽车模型到太空探测车，一切都是用来自岩石的材料制成的。岩石可能看起来都很像石头，但在这本书里，你会看到每块石头背后的神奇故事，你将了解各种岩石的不同之处。有了这些知识，你就可以去辨认附近的岩石了，说不定还会发现一颗珍贵的宝石呢！

岩石、矿物和石头

岩石大多是由微小的颗粒或晶体组成的，它们像拼图一样组合在一起。这些颗粒或晶体就是矿物。每一块岩石都有自己独特的矿物配方。

矿物是天然形成的固体，通常以晶体的形式出现——有的很小，有的又大又漂亮，可以制成宝石。每一种矿物都有自己独特的化学成分。

石头是由于气候因素的作用，从岩石主体上脱落下来的大块岩石或矿物。

如果你喜欢寻找岩石，人们可能会叫你“岩石猎犬”。不过，你最好是用眼睛，而不是像猎犬那样用鼻子来搜寻岩石样本！从哪里开始呢？下面是一些建议：

户外：即使是小区里的花园或城市里的公园，也可能蕴藏着大量的岩石和矿物。所以，请睁大你的眼睛！

野外：海滩和河床是寻找石头的好地方。你还会在悬崖、采石场和洞穴中见到裸露的岩石，但到这些地方去一定要有成年人陪同。

城市：许多建筑都是由石灰岩、沙子和砾石混合成的混凝土建造的，一些华丽的建筑外还覆盖着大理石，而砖块实际上是经过烧制的黏土。你会在本书中找到所有这些岩石！

岩石表

火成岩（第 10—23 页）：火成岩是由地球内部炽热的、熔融的岩浆冷却凝固形成的。岩浆有时也会以熔岩的形式从火山中喷发出来，同样也会冷却凝固成火成岩。

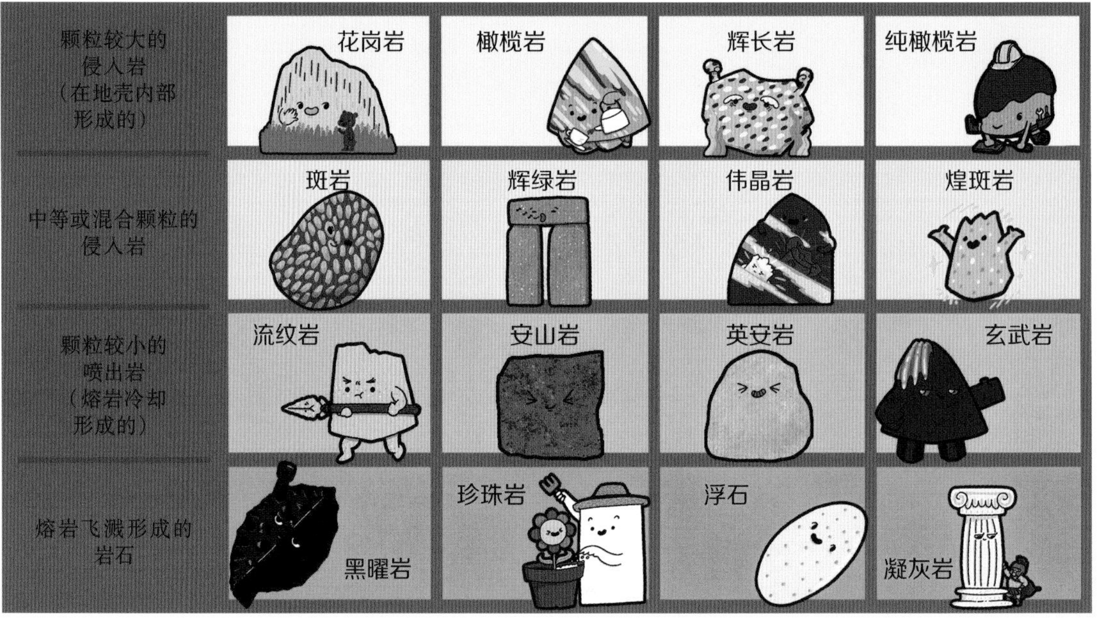

沉积岩（第 24—37 页）：沉积岩是由其他种类的岩石、死亡的动植物或溶解的化学物质沉积形成的。

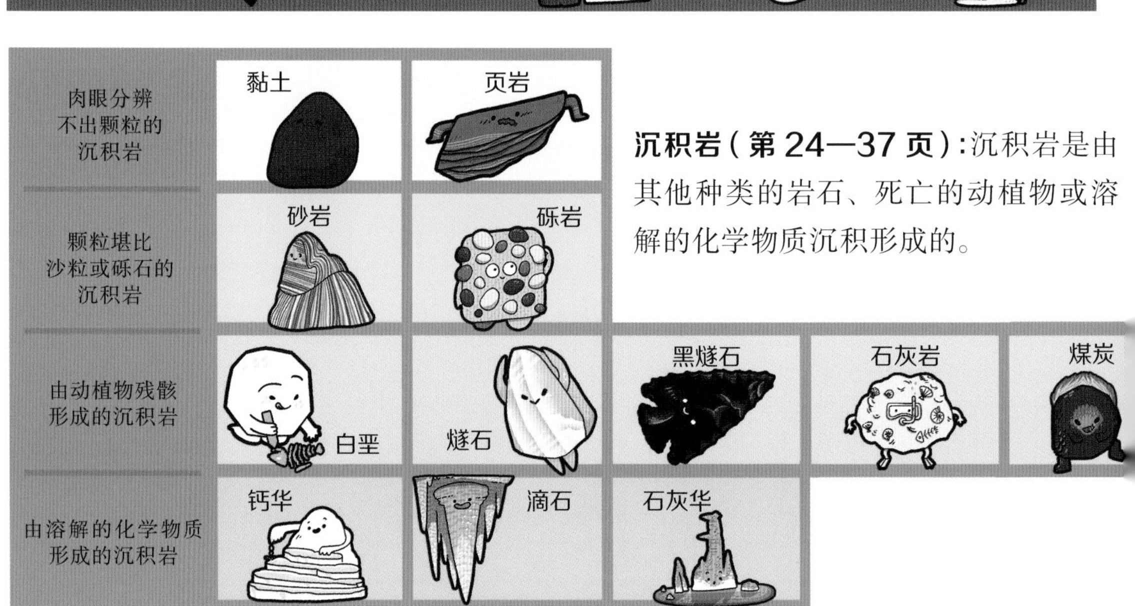

世界上所有的岩石都属于这三种类型：火成岩、沉积岩和变质岩。每种类型的岩石又分为不同的族系。在本书中，你可以一次性了解所有主要的岩石家族成员。

变质岩（第 38—47 页）：变质岩是在地球内部的高温、高压作用下形成的岩石。

高温条件下形成的普通变质岩	角页岩	大理石	
不断增大的高压条件下形成的条状变质岩	板岩	片岩	片麻岩

神奇的矿物（第 48 页开始）：岩石中含有成千上万种矿物。不过，它们大多是由少数“硅酸盐”矿物构成的，如长石、石英、云母、橄榄石、辉石和闪石。

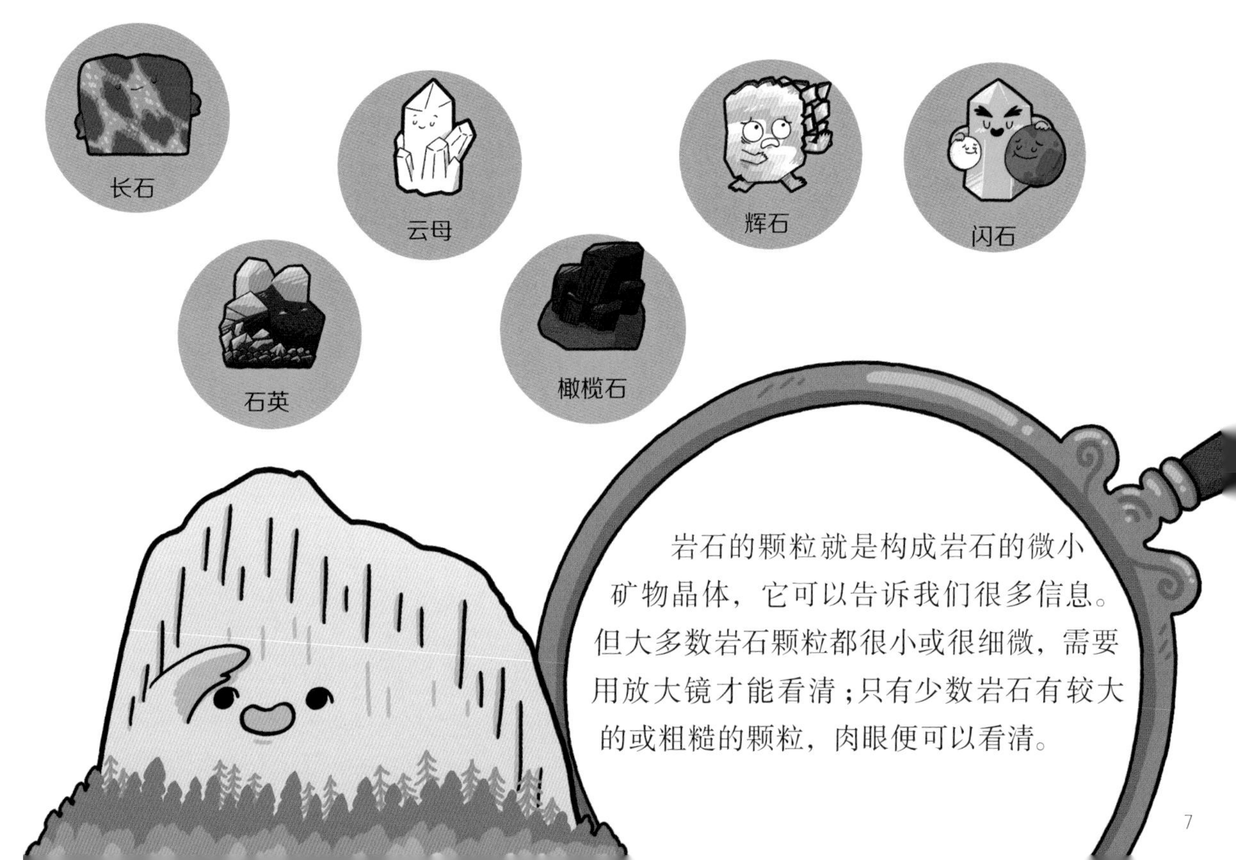

岩石的颗粒就是构成岩石的微小矿物晶体，它可以告诉我们很多信息。但大多数岩石颗粒都很小或很细微，需要用放大镜才能看清；只有少数岩石有较大的或粗糙的颗粒，肉眼便可以看清。

矿物表

由地壳中的炽热液体形成的矿物
雌黄
雄黄
方铅矿
黄铁矿
铬铅矿
钼铅矿
独居石
绿松石
含氧并且有时含碳的矿物
尖晶石
红宝石
赤铁矿
磁铁矿
含氧和硅的硅酸盐矿物
长石
青金石
石英
黄水晶
红玉髓
玉
福
电气石
绿柱石
其他含氧和硅的硅酸盐矿物
祖母绿
蛋白石
黄玉
石榴石
天然元素矿物（单质矿物）
金
铜
钻石
硫黄
由动植物遗骸形成的类矿物
琥珀
煤精
珍珠

矿物是构成所有岩石的天然晶体，全世界已知的矿物大约有5000多种，但真正常见的只有30种左右，大多数岩石只由寥寥几种矿物组成。矿物晶体通常很小，收藏家们喜爱的那种大块晶体只能在特殊的地方形成。

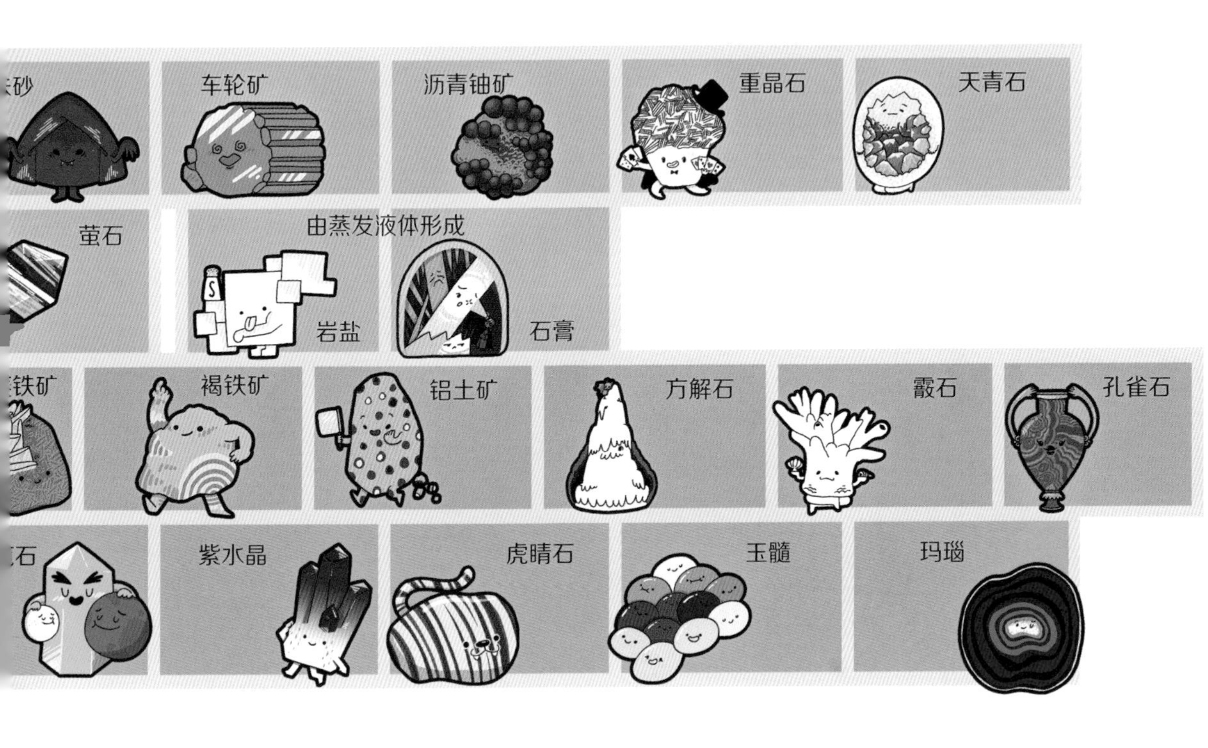

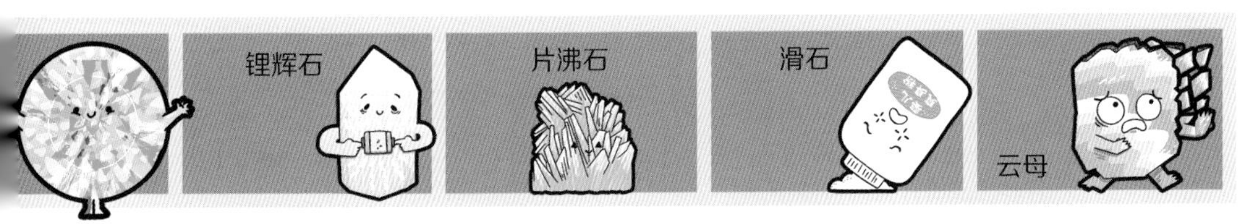

各种矿物的独特之处取决于它的化学成分，即构成它的化学元素。除了黄金等少数几种矿物仅由一种元素构成外，其他大部分矿物都是化合物，由两种或多种元素构成。例如，石英是一种硅酸盐，是氧、硅和某种金属的化合物。岩石大多由硅酸盐矿物构成。

信不信由你! 在你脚下几十或几百千米深处，地球内部是超级炽热的，热到可以使岩石熔化！这种炽热的、熔融的岩石被称为岩浆，它们在地下不停地向上涌动。但当它涌上来后，又会冷却形成新的岩石，这就是火成岩。当然，岩浆从火山口喷发出来后，也会冷却形成火成岩。

花岗岩

橄榄岩

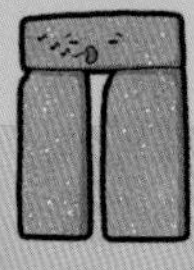
辉绿岩

流纹岩

玄武岩

岩浆以熔岩和碎屑的形式通过火山口喷出，冷却后形成的喷出物叫作喷出岩。当它在地下冷却凝固时，会形成侵入岩。有些岩浆被挤压侵入地壳空间时会形成奇怪的形状，如岩脉、岩床、岩盆。而在更深处，岩浆还形成了被称为深成岩体的大块岩石和被称为岩基的地幔穹顶。这类形成于深处的岩石，叫作深成岩。

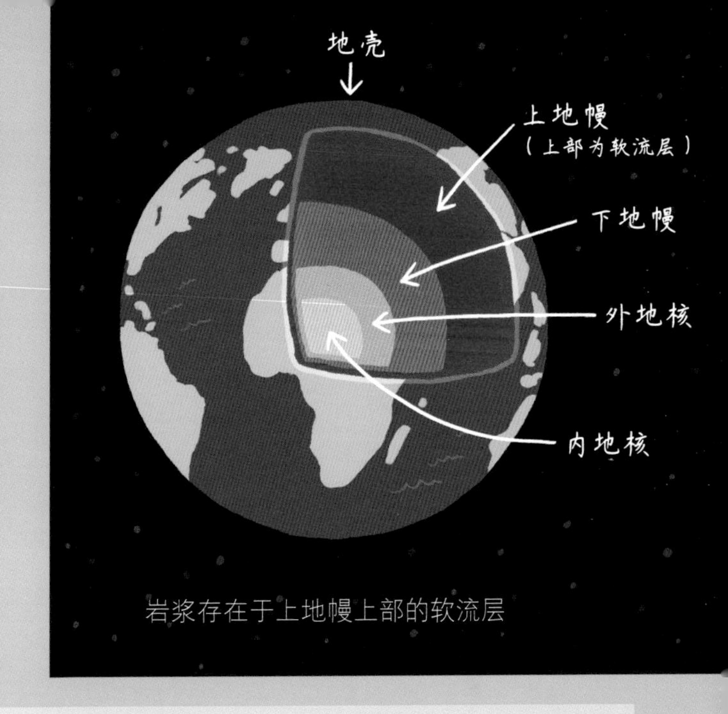

岩浆存在于上地幔上部的软流层

怎样区分火成岩?

形成于深处的深成岩有大而粗的颗粒或晶体，是岩浆在缓慢冷却时形成的；喷出岩则是细小的颗粒或晶体，是熔岩在露天条件下快速冷却时形成的；从海底涌出的炽热岩浆所形成的岩石，比从陆地涌出的砂质岩浆所形成的岩石颜色更暗。

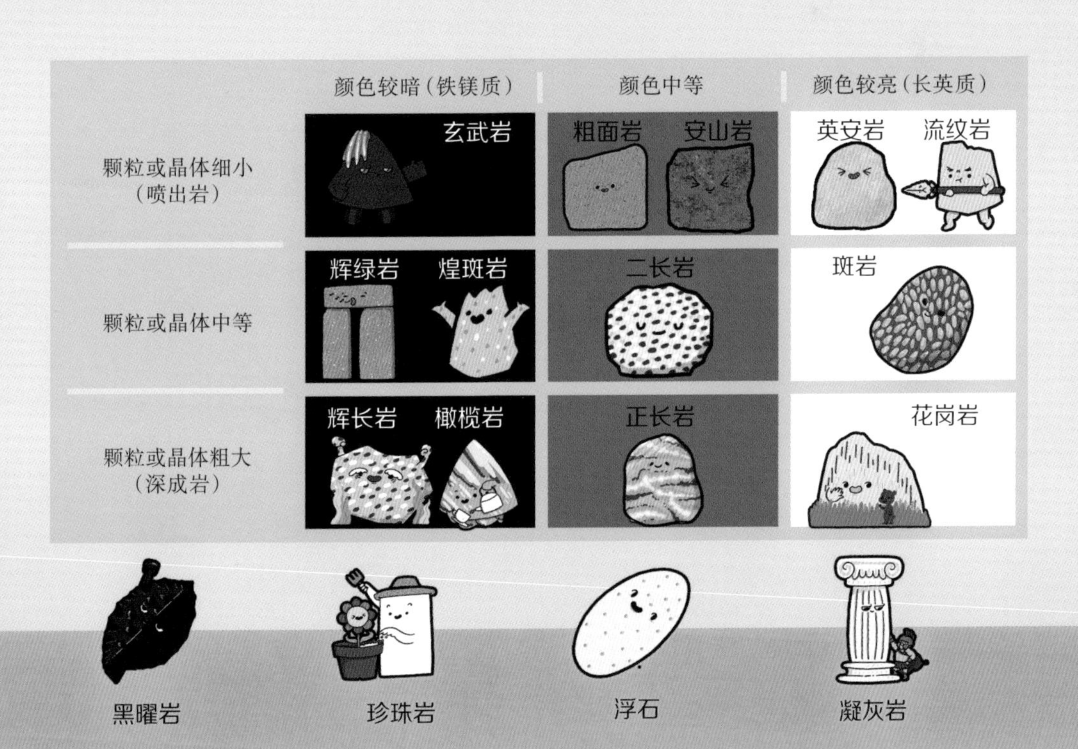

	颜色较暗（铁镁质）	颜色中等	颜色较亮（长英质）
颗粒或晶体细小（喷出岩）	玄武岩	粗面岩 安山岩	英安岩 流纹岩
颗粒或晶体中等	辉绿岩 煌斑岩	二长岩	斑岩
颗粒或晶体粗大（深成岩）	辉长岩 橄榄岩	正长岩	花岗岩

花岗岩经久耐用! 它是最坚硬的岩石之一，也是最坚硬的自然物质之一。这种斑斑麻麻的岩石支撑着世界上的每一块大陆，并且已经支撑了数亿年。如果你想要寻找一种坚固的建筑材料，那就用花岗岩吧。这是一种颗粒粗糙的矿物混合体——含有斑驳的长石、大量的石英及云母。

傲然挺立

花岗岩是一种深成的火成岩，"深成（Plutonic）"一词来源于希腊神话中的冥王普路同（Pluto）。深成岩是在地下深处锻造形成的。很久以前，大陆猛烈撞击在一起，挤压地下深处的岩石，让它们在那里熔化成超级巨大的岩浆团。

这些巨大的岩浆团慢慢凝固成块状，就是深成岩体。最大的深成岩体便是岩基，这是一些硕大无比的岩块，如花岗岩。大部分岩基都掩藏在地下，被我们踩在脚下。但在某些地方，由于上方较软的岩石已被风化、剥蚀，只剩下坚硬的花岗岩山脉傲然挺立。美国的拉什莫尔山和优胜美地国家公园的酋长岩，以及巴西里约热内卢的甜面包山，都是令人过目难忘的花岗岩地标。此外，从高档建筑到厨房台面，光洁、耐磨的花岗岩材料也随处可见。

世界第三高峰——海拔8586米的干城章嘉峰，就是由花岗岩构成的。世界第二高峰乔戈里峰（又称K2峰）是由片麻岩构成的，硬度更高。但世界第一高峰珠穆朗玛峰却是由较软的石灰岩构成的，所以，说不定有一天它会失去第一高峰的桂冠！

美国1826年开通的第一条商业铁路，也被称为"花岗岩铁路"。当时，它的使命是从马萨诸塞州的昆西采石场运送花岗岩到波士顿，用于建造邦克山纪念碑。

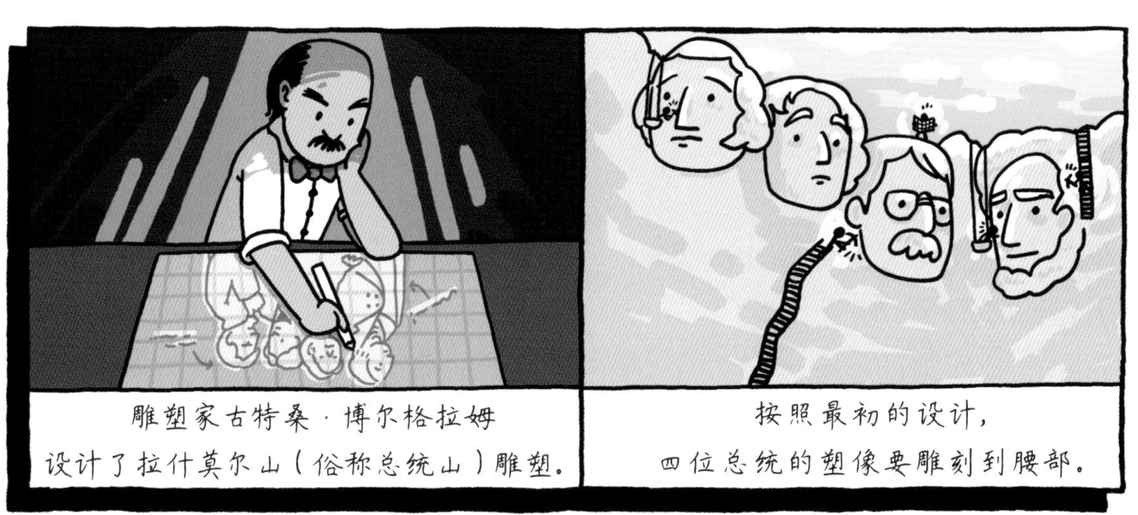

[花岗岩] 粒度：非常粗糙　成分：石英、长石、云母、角闪石　颜色：驳杂的粉色、棕色，或斑斑点点的灰色
分布：岩基或地下深处

橄榄岩

橄榄岩很大，非常大！但是，你很少能看到这个绿色巨人，因为它的大部分都隐藏在地下深处。它可能是地幔中最常见的岩石。地幔是地球内部的主要部分，介于地壳和地核之间。亿万年前，在那些大规模的火山爆发中，一些橄榄岩在熔化后被喷发出来，带来了闪闪发光的钻石！

它带来了钻石

橄榄岩从地下溢上来时，大部分会熔化形成玄武岩（见第20—21页）。但有时候，大块坚硬的橄榄岩本身也会在海底板块运动的作用下形成一些棕绿色的碎屑，被海水送到大陆边缘。

在少数一些地方，超级炽热的橄榄岩熔岩会从地下深处涌上地球表层，形成狭窄的通道。这些橄榄岩通道被称为金伯利岩，正是它们带来了数十亿年前在地球深处锻造形成的古老钻石。此外，它们还从地核边缘带出来许多稀有矿物。

地球深处的橄榄岩族系中还有其他一些岩石，如纯橄榄岩、辉长岩和正长岩。和橄榄岩一样，它们也可能富含橄榄石矿物。

橄榄岩为我们带来了世界上最坚硬的物质之一——钻石。但它也可以转化形成滑石粉——地球上最柔软的材料之一！

纯橄榄岩几乎就是纯粹的橄榄石矿物，它有着薄荷冰淇淋一样的绿色，是让汽车保险杠、电热水壶内壁闪闪发亮的金属铬的来源。

暗淡、粗糙的辉长岩很久以前在地下形成了一种蘑菇状的结构，叫作岩盆。

正长岩有时呈现出蓝色或绿色，跟花岗岩很像，但几乎或完全不含石英。

橄榄岩也有自己的宠儿——宝石级橄榄石。它由纯净的橄榄石矿物构成，呈深绿色，是少数只有一种颜色的宝石之一。

【橄榄岩】 粒度：中等至粗糙　成分：橄榄石、辉石　颜色：灰暗或墨绿色　分布：海洋岩石层

辉绿岩是一种坚硬的暗绿色岩石，是岩浆挤入原有的岩石裂缝中，在地下冷却形成的固体。在岩层水平分布的地方，辉绿岩岩浆会侵入不同岩层中间，凝固形成一些平坦而又坚硬的平台，称为岩床。当那些较软的岩层被侵蚀掉后，剩下的辉绿岩就会形成陡峻的峭壁和岩架，耸立出来。

会唱歌的石头

大约五千年前，英国人从威尔士的普雷塞利山采来巨大的辉绿岩青石条，搬运到几百公里外，摆布成一个令人惊叹的岩石圈——巨石阵。他们为什么要花这么大力气来做这件事情？这是一个很大的谜团。有些专家认为,这些青石条是一些特殊的“会唱歌的石头”，敲击时会发出铿锵的鸣声，而不是沉钝的闷响。所以，当时的人们也许是为了用巨石阵演奏音乐呢！

过去人们常说,纽约的街道是用金子铺就的。这当然不是真的！不过，它们的确曾经是用大块的辉绿岩铺成的。这些石块被称为比利时岩块，但它们根本不是来自比利时，而是来自从纽约绵亘至新泽西的帕利塞德岩床（Palisades Sill)。这一带的辉绿岩峭壁于16世纪得名，因为它们看上去好像古代城堡的尖桩寨墙（Palisades）或木栅栏。然而，由于所用的石料太多,政府禁止了进一步开采。如今，大部分的碎石街道都铺上了沥青。

有时，岩浆上涌会把岩石垂直劈开，凝固后形成一道道岩石墙体，叫作岩脉。有些岩脉是由一种叫煌斑岩的亮晶晶的岩石构成的。

伟晶岩就像一个个宝箱，里面蕴藏着许多宝石。它们是一些由大颗粒晶体组成的岩块，而这些晶体是由最后的岩浆残渣形成的。此外，伟晶岩中还含有制造手机电池所需的锂。

[辉绿岩] 粒度：中等　成分：长石、橄榄石、辉石、云母及其他矿物　颜色：略微发绿的深灰色　分布：大部分地下岩床

流纹岩

流纹岩是火山喷发形成的一种超级坚硬的岩石。火山爆发时，把岩浆喷出地表，形成熔岩。形成流纹岩的熔岩凝固得非常迅速，以至于完全来不及生长出晶体。所以，流纹岩的颗粒很小，同时又紧紧嵌合在一起。正因为这样，它非常适合用作铺路石和家居装饰石材。史前人类还曾用流纹岩制作的标枪头狩猎野兽！

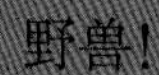

喷发！

流纹岩、安山岩和英安岩都属于火成岩中的喷出岩，也就是说，它们是由喷发出来的熔岩形成的。因为含有大量类似砂粒的二氧化硅，所以它们的颗粒都是中等大小或偏细的，而且颜色苍白。这些岩石还很坚硬，因而是极好的建筑材料。当你乘坐小汽车或公共汽车旅行时，滚滚车轮下的路基可能正是用英安岩碎石铺成的。

流纹岩熔岩中的二氧化硅含量是最高的，这是它在溢出过程中穿过地壳深处的岩层时携带出来的。这种物质使熔岩变得如此黏稠，以至于它从火山中冒出来时，可能会造成栓塞……然后，火山就会在突然间猛烈爆发！正因为这样，流纹岩熔岩和安山岩总是与世界上最猛烈的火山关联在一起，如印度尼西亚的坦博拉火山。

有锥形火山的地方就有安山岩，它的颗粒呈现出盐粒和黑胡椒混合的那种杂色。另一方面，用作铺路碎石的英安岩，与美国华盛顿州圣海伦斯这样的圆顶状火山有关。

古罗马人常使用一些漂亮的点缀有大颗晶体的红色火山岩制作柱子，这种稀有的岩石被称为斑岩，非常名贵。

[流纹岩] 粒度：细小　成分：石英、长石、云母　颜色：粉棕色　分布：熔岩流、岩脉和火山栓

玄武岩

玄武岩是一种由最热（1000℃以上）的熔岩形成的深黑色岩石。这种炽热的熔岩从海床的裂缝中涌出，遇到冰冷的海水后冷却凝固，蔓延形成大部分的海底。我们大部分的道路都是用玄武岩碎石和沥青铺设的。

地球的基岩

玄武岩是由来自地球内部的最炽热、颜色最暗的熔岩形成的。冷水或空气的低温冲击使它迅速冷却，形成极其微小的颗粒，即使用显微镜也很难看清。不信你可以试试！

地球上的大部分玄武岩都隐藏在海洋之下。不过，你也可以在夏威夷等地看到它，玄武岩熔岩如喷泉涌出，烧穿地壳，形成了莫纳罗亚这样的火山。你也会在印度看到它，在恐龙灭绝的时代，大量玄武岩熔岩如洪流涌出，形成了如今人们所说的德干地盾。类似的玄武岩熔岩洪流还曾出现在1700万到1400万年前，由此形成了美国西北部广袤的哥伦比亚高原。你甚至还会在月球上看到玄武岩，在那里，它形成了被称为“月海”的阴暗斑块。

在北爱尔兰海岸，你会看到一些形状奇特的六角形岩石。在古代，当地人认为这些岩石是巨人制造的，所以称之为"巨人之路"。其实，这只不过是玄武岩在冷却、变硬时开裂形成的形状。

火星上有一座太阳系最大的火山，被称为"奥林匹斯山"，它的面积和美国亚利桑那州（近30万平方公里）差不多大，主要由玄武岩构成。

[玄武岩] 粒度：非常细小　成分：长石、辉石、橄榄石、磁铁矿　颜色：黑色　分布：熔岩流、岩脉和岩床

黑曜岩不同于其他岩石。在它的形成过程中，熔岩急剧凝固，以致无法生长出晶体，所以它就像亮晶晶的黑色玻璃。它也会像玻璃那样，在破碎后形成超级锋利的刃口。在石器时代，黑曜岩可以制作出最锋利的刀具。暗如黑夜的黑曜岩匕首看上去那样迷人，难怪从古埃及人到玛雅人都认为，这种岩石既神圣又玄妙。

[黑曜岩] 粒度：无颗粒　成分：石英、长石、云母　颜色：黑色　分布：熔岩流和岩脉中

珍珠岩

珍珠岩是由与黑曜岩相同的熔岩形成的，不过它的颜色像脏雪一样。熔岩凝固时，被困在里面的水泡会变成蒸气，并像爆米花那样炸开，把岩石炸得膨胀 20 倍。这就产生了一种超轻的、充满气泡的岩石——珍珠岩。它用途很多，从用作管道绝热层到制造轻质混凝土。此外，园丁还把它掺到土壤中，助其干燥透气，以利于植物生长。

[珍珠岩] 粒度：无颗粒　成分：石英、长石、云母
颜色：浅灰色　分布：熔岩流和岩脉中

浮石

浮石是唯一能漂浮的岩石！流纹岩熔岩喷发时，顶部会嘶嘶地冒泡，就像打开一罐摇晃过的汽水那样。熔岩会被这些泡沫吹飞，落下后就会变硬形成一些超轻的石块。浮石表面粗糙，曾被人们用来搓洗皮肤，如今还用来“石洗”牛仔裤，让牛仔裤呈现出自然磨损的效果，看起来复古又时髦。

[浮石] 粒度：无颗粒　成分：石英、长石、云母
颜色：白色　分布：熔岩流和火山碎屑物中

凝灰岩

火山爆发时，一些堵塞在喷发管道中的固体岩石会被冲击成灰烬，向高空喷射。当这些火山灰最终落回地面时，就像一层厚厚的毯子，最终会硬化成一种又轻又软的岩石，叫作凝灰岩。公元 79 年，意大利维苏威火山爆发，火山灰掩埋了罗马帝国的庞贝城。这些火山灰最终变成了凝灰岩，将这座古城悲惨的末日景象保存至今。

[凝灰岩] 粒度：无颗粒　成分：石英、长石、云母
颜色：浅黄色、灰色　分布：降落的火山灰中

沉积岩

岩石被气候因素风化成碎屑，
然后被河流带入湖泊和海洋。

岩石碎屑沉降在湖底或海床上。
在陆地上，它们也会
在风或水的搬运下堆积起来。

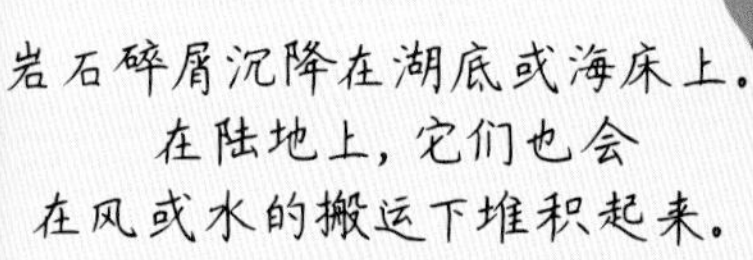

越来越多的岩石碎屑沉积在上面，
在压实作用下，
挤压出下面的水分和空气。

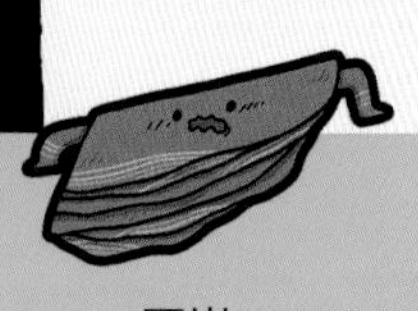

页岩

砂岩

白垩

燧石

黑燧石

火成岩尽管非常坚硬，但长时间暴露在地表环境中，仍然会崩解成碎屑！这些碎屑会变成卵石、砂粒或砾石，被河流冲刷进海洋并沉降在海底，又或是被风吹到沙漠中堆积起来，形成所谓的“沉积物”。这些沉积物层层堆叠，在数亿年的时间里被挤压变干，被地球内部的高温烘烤变硬，在矿物的胶结作用下结成硬块，最终形成了沉积岩。

不过，并非所有沉积岩都是这样形成的。有些是由矿物溶液留下的细小粉末形成的，如钙华；其他则是由生物残骸形成的，如石灰岩。

地球表面的动荡，意味着“沉积层”或“沉积床”很少能保持平稳，有许多会隆起，成为新的丘陵和山脉。在美国科罗拉多大峡谷里，你可以看到许多沉积床被河水切开，像分层蛋糕那样暴露出来——最新的岩石在顶部，而最老的岩石在底部。

页岩是分层的，好像一本古籍的书页。它是由沉积在海底或湖床上的淤泥形成的。这些淤泥被挤压得很厉害，经过亿万年的干燥，分裂成若干层次。页岩看起来土里土气，但它却是全世界通用的建造材料——砖块、水泥和陶器中都含有页岩的成分。我们生产生活中依赖的石油和天然气，也都蕴藏在页岩中。

泥岩

自古以来，人们就在用柔软的黏土制作罐子和盘子。那些用红褐色黏土做成的器皿，看起来好像花盆。有些黏土（如高岭土）经过热处理，还可以制成精美的白瓷器。

页岩是泥岩的一种。泥岩随处可见，是最常见的沉积岩。顾名思义，泥岩就是由淤泥形成的。从本质上来说，淤泥是一种由微小颗粒（称为粉土）或更小颗粒（称为黏土）浸在水里所形成的糊状物。其中，黏土是岩石被气候因素分解到最后所形成的最微小的碎屑。

黏土的颗粒很轻，经常被冲到很远的海洋或湖泊里，然后沉淀在海底或湖床上，变成淤泥。随着时间的推移，越来越多的黏土沉积在上面，挤压下面的淤泥，便形成了黏土石。黏土石是所有岩石中最柔软的一种，当它受到更大的挤压变得更加干燥之后，就成了页岩。

陶工用来制作陶罐的“黏土”，实际上是富含黏土的淤泥或黏土石。对地质学家来说，淤泥好比燕麦粥，而黏土就像燕麦粒。

黏土可以将化石很好地保存下来。早期著名的化石收集者玛丽·安宁，在英国牛津和伦敦的黏土中发现了史上第一具史前海洋爬行动物蛇颈龙的化石，震惊世界。

[页岩] 粒度：细小　成分：石英、长石、橄榄石、云母　颜色：黑色、灰色或深褐色　分布：沉积层

砂岩

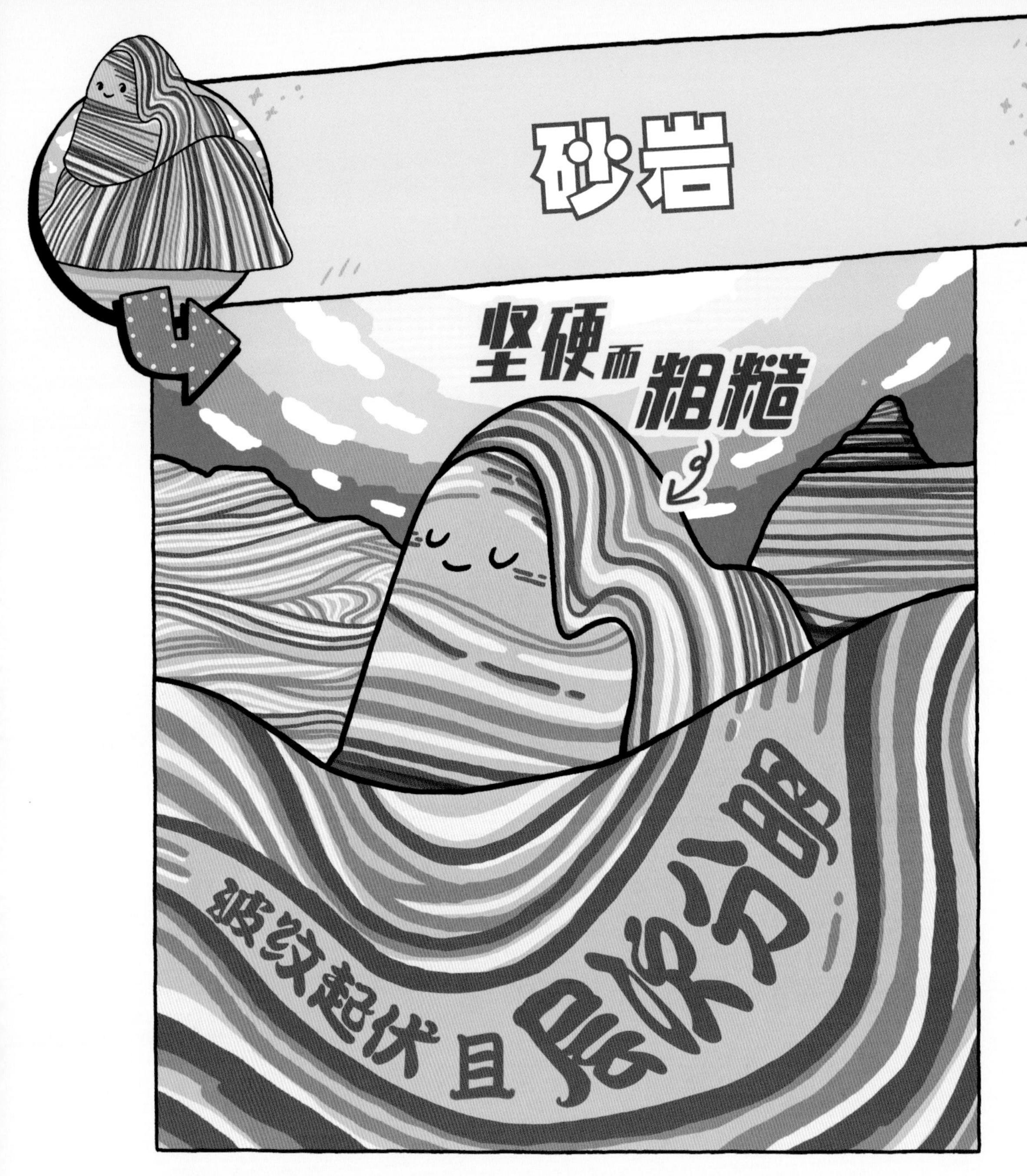

岩如其名，砂岩就是由砂粒组成的岩石！这些砂粒来自其他破碎的岩石，它们被风、水或冰带到河流的三角洲、海滩或沙漠，在那里被反复挤压，然后在矿物的胶结作用下形成新的岩石。海滩上的沙子通常呈浅淡的棕黄色，但砂岩的颜色取决于胶结它的矿物——褐铁矿会胶结形成黄色的砂岩，而氧化铁会胶结形成与铁锈相同的红色或褐色砂岩。

顽强的幸存者

有时候，砂岩中的胶结矿物非常脆弱，导致它会像蛋糕一样易碎。不过，大多数砂岩都很坚硬，它们对抗着风、雨和其他气候因素的影响，创造了举世瞩目的景观。美国犹他州和亚利桑那州沙漠中的那些孤丘（塔状的岩石）和平顶山（堡垒般的台地），都属于这类顽强的幸存者，在周围那些较软的岩石被侵蚀掉之后，它们仍然屹立不倒。

砂岩虽然很坚硬，但它刚从地下挖出来时依然潮湿，很容易被切割。这使得它成为一种完美的建筑材料。19 世纪，纽约成千上万的房屋都是用褐砂石建造的，这是一种采挖自康涅狄格州著名的波特兰采石场的褐色砂岩。

砾岩是由鹅卵石而不是砂粒形成的。大大小小、形形色色的鹅卵石被河流冲击下来，然后胶结在一起，就形成了砾岩。其中，角砾岩是带有棱角的砾岩。

老红砂岩是世界上最大的砂岩之一，形成于3亿6000万年到4亿800万年前，由堆积在如今欧洲西北部的一个巨大沙漠盆地中的砂粒形成。

[砂岩] 粒度：砂粒大小　成分：石英、长石　颜色：黄色、褐色或红色　分布：沉积层

白垩

白垩是乳白色的，柔软又细腻，你可以用它在黑板上写字。白垩是由藻类和一种叫作有孔虫的海洋微生物的残骸形成的。有孔虫生活在大约1亿年前白垩纪（就是恐龙生活在陆地上的年代）的亚热带海域，它们死后，残骸漂落到海底，慢慢变硬，最终形成了白垩。白垩就像一扇可以回望过去的窗户，有时候，你可以在里面发现很小很小的化石。

[白垩] 粒度：像泥岩一样细腻　成分：方解石　颜色：白色　分布：沉积层

燧石

燧石是一种坚硬的、带有光泽的、通常为褐色的玻璃质岩石，由微小的石英晶体构成。它本质上是凝固变硬的软泥，通常来自那些慢慢变成二氧化硅（构成石英的砂质材料）的动物遗骸所形成的海底淤泥。燧石虽然很硬，但用锤子击打时，它会像玻璃一样碎成贝壳状的小片。燧石的硬度及其可以打磨出锋利刃口的特点，使它成为石器时代制作斧头的完美石材之一。

[燧石] 粒度：细小到看不见　成分：主要是石英
颜色：白色至黑色都有　分布：沉积层

黑燧石

黑燧石结核看起来就像一坨硬邦邦的太妃糖。和燧石一样，黑燧石也是纯净的二氧化硅，不过，它是由石灰岩中的化学物质而非浮游生物形成的。黑燧石结核也可以被打碎，像玻璃一样形成锋利的刃口。由于黑曜岩非常罕见，所以当石器时代的人们想要制造一把利刃时，黑燧石就成了首选的材料。石器时代的人们还使用黑燧石生火，因为用它打击其他石块可以产生火花。老式的燧发手枪就是用黑燧石来制造火花、点燃火药的。

[黑燧石] 粒度：细小到看不见　成分：主要是石英
颜色：黑色　分布：沉积层

石灰岩

数以兆亿计的生物为了制造石灰岩而死掉! 世界各地都有广阔而深厚的石灰岩岩层。富含钙的水体凝结出方解石和霰石等矿物，然后就形成了石灰岩。这类矿物大多来自数亿年前生活在海洋中的珊瑚、贝类和其他生物的残骸。如果找一块石灰岩仔细观察，你就会发现里面挤满了不同生物的化石。

化石形成的岩石

石灰岩是第三常见的沉积岩，仅次于泥岩和砂岩。我们看到的大多数石灰岩都非常古老，尽管它直到今天仍在不断形成。

石灰岩形成后，会变干并破裂成巨大的岩块。它原本是非常坚硬的，但构成它的矿物方解石却可以被雨水溶解。当雨水渗入岩块之间的裂缝后，会把它慢慢溶解掉。因此，地面会被侵蚀出惊人的深坑和峡谷，地下也会形成巨大的溶洞。这种不可思议的石灰岩侵蚀地貌，被称为喀斯特地貌。

尽管如此，石灰岩仍不失为一种坚硬、优良的建筑材料，既可以直接用作石料，也可以碾碎制成水泥和混凝土。没有石灰岩，我们几乎建不成任何一座现代城市，不管是道路、桥梁，还是摩天大楼、机场，都离不开石灰岩。

白云岩的样子好像一块糖。这是一种超级坚硬、洁白如糖的石灰岩，形成于古代的热带潟湖。白云岩的英文名（dolomite）来自意大利的多洛米蒂（Dolomitti）山，而后者又是以法国地质学家多洛米厄（Dolomieu）的名字命名的，因为他最早确定了此山的岩石成分。白云岩富含镁元素，可以用作饲养牲口的添加剂和制造玻璃的材料。

[石灰岩] 粒度：不定　成分：方解石、霰石　颜色：白色、灰色　分布：沉积层

钙华是一层白色的、坚硬的、由粉末状化学物质结成的硬壳，它是高温矿泉水蒸发后留下的。美国黄石国家公园猛犸象温泉周围著名的“白色梯田”就是由钙华构成的。钙华虽然不像大理石那样精美闪亮，但仍然深受雕刻家们青睐，梵蒂冈圣彼得广场上那些美丽的柱子就是用钙华制成的。

[钙华] 粒度：细小　成分：方解石　颜色：白色　分布：溶洞、温泉

滴石

滴石就是钟乳石和石笋。钟乳石看起来就像挂在房檐下的冰锥，它是由溶洞顶部不停落下的水滴所留下的矿物质形成的。而石笋就像一根根手指，是由水滴落到洞穴的地面上留下的矿物质堆积形成的。它们让溶洞看起来就像一座大教堂，里面有细长的柱子和风琴管。把一条滴石横切开，你可以看见一圈圈的环状结构，显示它是如何一层层地形成的。世界上最长的钟乳石长达 28 米，位于巴西米纳斯吉拉斯州格鲁塔岛的热内劳溶洞内。目前已知最高的石笋高度超过 70 米，位于越南的韩松洞内。

[滴石] 粒度：细小　　成分：方解石
颜色：蜂蜜色、红色或褐色　　分布：溶洞

石灰华

石灰华是奶油色的，像海绵一样布满小孔，这使得它轻得出奇。就像滴石一样，石灰华也是由水蒸发后留下的矿物质形成的。石灰华上面的孔洞是由藻类造成的，只不过它们后来都腐烂了。古罗马人喜欢用石灰华建造一些复杂的工事，如道路和引水渠，因为上面的孔洞使它便于切割，同时也便于搬运。如今，石灰华多用于搭建庭院景观。

[石灰华] 粒度：细小　　成分：方解石
颜色：白色、黄色或红色　　分布：溪流和泉水中

乌黑、闪亮的煤炭是唯一可以燃烧的岩石。煤炭是由亿万年前的植物残骸形成的。这些植物死去、腐烂，变得越来越黑，然后被上面一茬又一茬死掉的森林压在底下。煤炭是最黑的岩石，又硬又有光泽，这使得它跟其他岩石完全不像。

化石燃料

北美洲、欧洲和亚洲北部的大部分煤炭，都形成于大约3亿年前的石炭纪。当时，这些地方还是热带地区，有大片植物茂密的湿热沼泽。每当这些植物死亡时，就会堆积成厚厚的腐殖层，然后被极小的微生物分解成深褐色的、像泥土一样的泥炭。泥炭被越来越多的沉积物掩埋，然后被挤压变硬，形成薄薄的、乌黑的煤炭层。埋得最深的煤炭是乌黑油亮的，它几乎是纯净的碳元素。

煤炭是一种“化石燃料”——由生物遗骸形成的天然燃料。碳在空气中燃烧会产生热能。千百年来，煤炭一直被用来生火；但在现代，它的热量主要被用来驱动涡轮机发电。

煤炭埋藏得越深，被挤压得越厉害，燃烧起来就越干净，释放的热量也就越多。受挤压最轻、烟雾最重的是泥炭，其次是褐煤和一般煤炭，埋在最深处的是质量最高的无烟煤。

为了开采最优质的深层煤炭，煤矿公司通常会往地下打一个竖井，然后再挖出横向的隧道来采挖整个煤层的煤炭。这是一项危险而艰巨的工作。

[煤炭] 颗粒：没有颗粒　成分：碳元素　颜色：黑色　分布：沉积层之间

变质岩

各种岩石也许很坚硬，但当它们被炽热的岩浆烧灼，或是被地壳移动产生的巨大压力挤压时，就会变得面目全非。热量和压力会彻底改变岩石中的矿物——包括颗粒和晶体，将它们变成新的岩石，称为变质岩。

角页岩

大理石

片麻岩

板岩

接触变质作用：岩浆从哪里上涌，哪里上面的岩石就会被烹煮炙烤，像蛋糕一样。这就叫作接触变质作用，它会带来剧烈的改变！

区域变质作用：地壳移动（尤其是山脉形成时）所产生的巨大压力，会在大面积范围内狠狠挤压岩石。这就叫作区域变质作用，它随着压力的增加分为不同的等级。

低级

黏土和页岩→板岩：
岩石碎成片状。

中级

板岩→片岩：
矿物开始分层，而岩石出现条纹。

高级

片岩→片麻岩：
条纹变成旋转花纹。

每到一个压力等级，就会形成新的岩石，变得更坚硬、更闪亮、更有层次。

这种质地坚硬却又容易碎裂成片的岩石，叫作角页岩，因为它的碎片看起来好像公羊的犄角。角页岩也被称为“叮咚石”，因为敲击时它会发出清脆的叮咚声，人们甚至曾用它来制作乐器。在显微镜下观察，我们可以看见角页岩细小、均匀的颗粒密密麻麻地排在一起，好像马赛克一样。

与岩浆接触

当滚烫的岩浆从地壳岩石中间涌出时，它产生的巨大的热量会把周围的岩石完全煮熟。这些岩石会变得非常柔软，几近于熔化，其中的晶体也因此彻底失去原有的形状。当它们再次冷却变硬时，会变成互相交错嵌合的细小颗粒，指向不同方向，有时甚至会生长出新的矿物。

因为没有真正的压力，而只有岩浆的热量参与其中，所以这个过程被称为接触变质作用。角页岩其实不只是一种岩石，而是多种以此类方式形成的岩石的统称。接触变质作用的最终产物既取决于温度条件，也取决于烹煮前原始的岩石材料，这些岩石可以是页岩和黏土，也可以是石灰岩，还可以是玄武岩等火山岩。

19 世纪时，很多人热衷于演奏石琴，就是靠敲打大小不同的角页岩石块发出音符。著名的蒂尔家族曾专门用采自英格兰湖区斯基道峰的角页岩来演奏音乐。

日本山口县萩市附近有一段美丽绵延的条纹海岸，被称为须佐角页岩，这里的峭壁是日本的地标性景点。

[角页岩] 粒度：细小　成分：云母和其他多种矿物　颜色：灰色、黑色或褐色，常遍布斑点　分布：火山侵入体旁边

大理石

大理石是所有岩石中光泽度最高的。它像被抛过光的糖块，纯净时几乎是洁白的，如果还带有漂亮的花纹那就更好了。它特别柔软，容易雕刻，是雕刻家梦寐以求的石料。大理石看上去甚至会发出柔和的光芒，因为它的晶体可以让一部分光通过。

亮晶晶的岩石

所有大理石起初都是石灰岩。和石灰岩一样，大理石主要由方解石构成。但石灰岩是灰色的，暗淡无光；而大理石中的方解石，则经历过极端高温、高压条件的净化。变成大理石的石灰岩被上方山体的重量完全碾碎，并被地球内部的热量烧灼得无比炽热。

我们可能无法看到地下形成的大部分大理石，而只能看到大陆在移动时从山体根部带出来的一小部分。你会发现，曾经灰扑扑的石灰岩变成了亮晶晶的大理石。它大部分是白色的，但其中的杂质会让大理石形成奇妙的、多彩的、千变万化的花纹。有时候，整块大理石都会被染上颜色——被辉石染成绿色，被榍石染成黄色，或是被石墨染成美丽的黑色。

美国科罗拉多州的大理石镇得名于1905年到1941年期间运营的圣诞大理石采石场。华盛顿特区林肯纪念堂外部所使用的大理石就是从这里开采的。

举世闻名的印度泰姬陵建造于1631年到1648年之间。它看上去像一座童话般的宫殿或庙宇，其实是莫卧儿帝国皇帝沙·贾汗为纪念他的妻子穆塔兹·玛哈尔而修建的陵墓。

[大理石] 粒度：中等至粗糙　成分：主要为方解石　颜色：有时为白色，有时带有斑点或花纹　分布：石灰岩山脉

亮闪闪的片麻岩是地球岩石中的“耄耋老人”。它非常坚硬，是一切岩石中最坚硬的，几乎没有任何东西能损坏它，它也永远不会被磨蚀掉。典型的片麻岩是灰色或粉红色的，带有深黑色的虎皮条纹。还有一些片麻岩中镶嵌有漂亮的红色石榴石。

岩石老爷爷

片麻岩是在巨大压力下锻压形成的。就像游戏拼图一样，地球表面是由大约 20 个巨大的、缓慢移动的板块组成的。当两个板块以难以想象的力量挤压在一起时，就形成了片麻岩。板块之间的摩擦和挤压使岩石受到巨大的压力，以至于完全分解，于是形成新的岩石。至于它们原来是什么岩石则根本不重要，因为最终都会被挤压成片麻岩。

片麻岩带有条纹，或深或浅的矿物带像彩条牙膏一样涂抹开来，使得它更加坚硬。浅色的矿物带通常是长石和石英，深色矿物带中最重要的是角闪石和黑云母。许多古老的岩石都是很久以前形成的片麻岩。比如，格陵兰岛的大片地区是由至少 30 亿岁的片麻岩构成的，而世界上最古老的岩石—— 加拿大北部的阿卡斯塔片麻岩，如今已经超过 40 亿岁了！

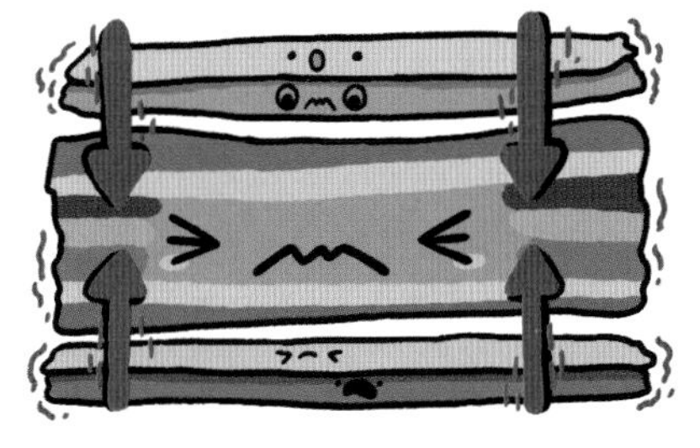

片岩是由页岩或泥岩受挤压形成的。像板岩一样，它由层层薄片构成，但这些薄片非常薄，上下胶结在一起。

美国的华盛顿纪念碑于 1884 年落成，高 169.045 米，是世界上最高的石头纪念碑。它是用大理石和花岗岩建造的，但其核心是超级坚硬的青石片麻岩，开采自波托马克河山谷中的采石场。

[片麻岩] 粒度：中等至粗糙　成分：以长石、石英、云母为典型　颜色：白色、红色、粉色、褐色、灰色、黑色　分布：很深

板岩

假设眼下有一些泥岩或页岩(见第26页)。想象一下,它正在被狠狠地挤压。然后，它就变成了**板岩，一种深灰色、坚硬的、略带光泽的岩石。**里面原来的黏土颗粒都被挤扁了，在薄层中生长为新的结构。因此，板岩很容易在垂直压力下碎成薄片。

为我们遮雨

几千年来，熟练的板岩石匠一直在采挖板岩，并对着它敲敲打打。当敲打得恰到好处时，它会裂成光滑平坦的石片。这样的板岩石片非常适合拿来铺屋顶，因为它们又轻又硬，而且几乎完全不透水。

19 世纪末期，城市在工业革命期间发展起来，板岩曾经风靡一时。当时，人人都想为他们的新房子铺上板岩屋顶，每年有超过 50 万吨的板岩从英国威尔士的板岩采石场被开采出来。在美国，板岩开采量同样十分巨大，主要采自佛蒙特州和宾夕法尼亚州的采石场。今天，大多数屋顶都不再使用天然石材，而是使用纤维和水泥或混凝土制作的建材。

最好的台球桌的绿色呢毡下面总是铺着板岩。板岩可以通过打磨和抛光形成光滑的表面，对于游泳池来说也是完美的石材。

在电脑屏幕还没有出现的年代，老师们通常靠两种石头来授课——用板岩做黑板，用白垩在上面写字。

[板岩] 粒度：极其细小　成分：黏土矿物、云母　颜色：黑色、灰色或深褐色　分布：发生造山运动的地区

神奇的矿物

矿物是构成岩石的天然物质。哪里有岩石，哪里就有矿物。矿物几乎都是由固体晶体构成的。有些晶体小到看不见，但如果你知道该去哪里寻找，也可以找到一些又大又漂亮的晶体或宝石。矿物收藏家们想要的，通常就是这一类。在下一页，你就会看到它们的分布情况。

超级矿物明星：

重晶石

石膏

铬铅矿

钼铅矿

独居石

热点区域

你可以在这些地方找到宝石!

矿脉：岩浆中的炽热液体渗入地球深处的裂缝并冷却下来之后，通常会留下瑰奇的宝石，如方解石、长石、方铅矿、金、菱锰矿、黄玉、电气石等。

伟晶岩：伟晶岩（见第17页）是由岩浆最后剩余的超浓缩部分形成的，它慢慢冷却下来，形成了磷灰石、绿柱石、石榴石、海蓝宝石、电气石、黄玉、萤石、刚玉等宝石。

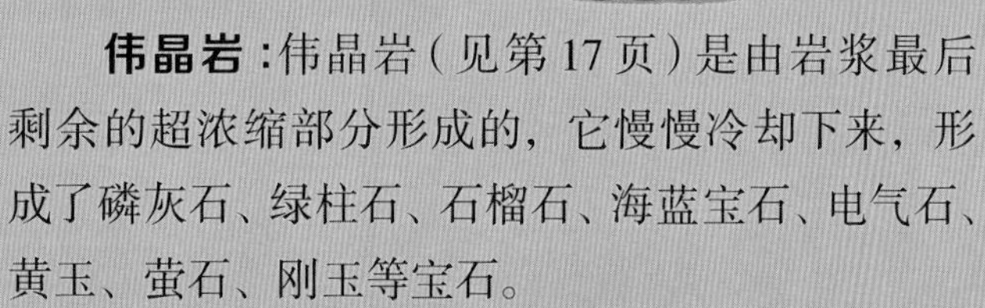

矿囊：岩石中原有的坑洞一旦灌满热液，就会成为小小的百宝箱，你可以在里面找到重晶石、方解石、玉髓、闪锌矿、黄铁矿、绿松石等。

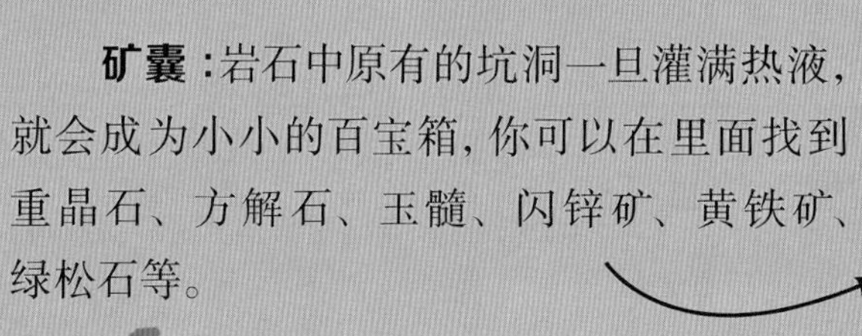

盐湖：湖泊和泉水蒸发后，会留下漂亮的石膏、岩盐、钾盐和硬石膏晶体。

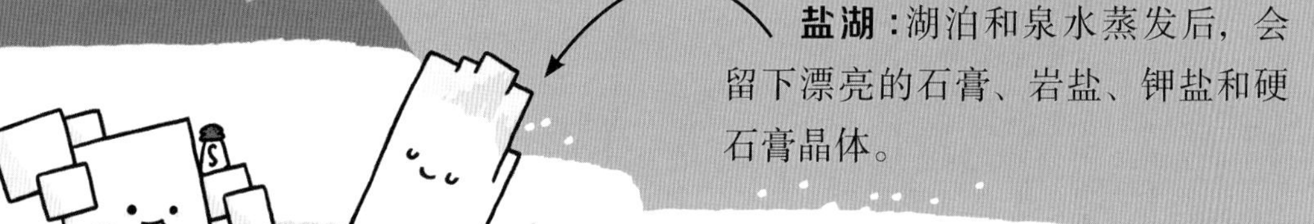

岩盐

绿松石

萤石

红宝石

尖晶石

矿物化学

矿物有成千上万种，每一种都有其独特的化学性质，这完全取决于构成它们的化学元素（构成万物的100多种基本化学物质）的组合形式。只有少数矿物由单一元素构成，比如金。绝大多数矿物都属于某个家族，或者称为化合物，就是由两种或两种以上元素结合而成的纯净物。

天然元素矿物：这类矿物大多存在于火成岩和变质岩中，但也有一些比较顽强，如金和钻石，它们在岩石破碎、被冲入溪流后依然保存了下来。例：金、铜、银、钻石、硫黄。

硫化物矿物：这类矿物通常形成于有高温泉水上涌的岩脉或岩浆中，脆弱易碎，且带有金属外观。元素构成：硫和某种金属元素，比如铅。

原生氧化物矿物：这类矿物非常坚硬，比如刚玉，它们形成于岩浆深处或炽热的矿脉中。而硫化物之类的矿物由于受到空气的侵蚀，则会形成柔软的次生氧化物矿物，例如铝土矿。元素构成：氧和除金、银以外的其他任何金属元素。

卤化物矿物：这类矿物是类似食盐的盐类，因为可溶于水，所以除了普通的盐，很少能见到它们。元素构成：金属和某种卤族元素，如氯和溴。

碳酸盐矿物：这类矿物是被热液带到地表来的，不过大部分形成于地表矿物（如孔雀石和蓝铜矿）被改变之后。元素构成：碳、氧与金属或半金属元素。

硫酸盐矿物：这类矿物大多质地柔软，色泽苍白，如石膏和重晶石。元素构成：硫、氧和金属元素。

磷酸盐矿物：这类矿物比较罕见，通常有鲜艳的颜色，如绿松石。元素构成：磷、氧和金属元素。

硅酸盐矿物：它们的数量比其他所有矿物加起来还要多，大多数岩石都是由大量硅酸盐矿物（如石英和长石）构成的。元素构成：硅和氧，通常还有金属元素。

雄黄和雌黄

这一对孪生矿物看起来很漂亮，但要小心提防！雄黄是明亮的樱桃红色，而雌黄是橘黄色，像黄油一样。这就是画家曾经把它们用作颜料的原因。此外，它们也被用来制作烟花。但不要被它们的外表欺骗了，用锤子敲开它们，你会闻到一股臭烘烘的大蒜味。它们含有剧毒的砷，所以不要触碰它们！千万不要！

雄黄

雄黄是由硫黄和危险的砷在蒸汽腾腾的火山水体中形成的。它毒性很大，古代曾被人们用来驱赶老鼠、苍蝇和蛇。今天，它仍被用作（当然得十分小心）矿石原料来提取砷元素，后者被广泛用于药物和电子产品的制造。

你可以把雄黄称为“吸血鬼矿物”！因为它不仅是血红色的，而且还会在阳光下碎成粉末。这就是地质学家要把雄黄样本藏在阴暗避光处的原因。它的英文名“Realgar”来自阿拉伯语“rahj al-ghar”，意思是“矿物粉末”。

[雄黄] 族类：硫化物　成分：砷、硫化合物　颜色：橘红色
条痕色：橘色　光泽：树脂光泽，珍珠光泽
硬度：1.5-2　比重：3.5

从古代开始，砷就被用来杀人。它可以制成粉末，加入受害者的食物或饮料中。砷毒性很强，只需要很小的剂量即可致命，所以不易被人察觉。波吉亚家族是15—16世纪意大利的一个强大家族，据说他们用曾砷毒杀了许多竞争对手！

新西兰北岛有一个叫作香槟泉的火山泉，水里含有微量的金、银、汞、砷和锑，中间冒出的气泡是二氧化碳，而边缘明亮的橘色则是雌黄和雄黄。

雌黄

自古以来，人们就用雌黄做颜料，给各种东西增添橘黄的色彩，却没有意识到它有多么危险。

你可以在图坦卡蒙的坟墓里找到它。图坦卡蒙是古埃及的一位少年法老，死于公元前1323年左右。雌黄在古代的中国也很珍贵，人们用它把丝绸染成明亮的黄色。画家们一直用它做黄色颜料，直到200年前，人们才开始用镉黄（用镉元素调制的黄色颜料）取而代之。所以，没有人知道在过去千百年间，到底有多少人因为接触雌黄而生病或死亡。

[雌黄] 族类：硫化物　成分：砷、硫化物　颜色：橘黄色　条痕色：黄色
光泽：树脂光泽，珍珠光泽　硬度：1.5-2　比重：3.5

方铅矿能形成亮闪闪的银色晶体，看起来像堆在一起的人造金属砖块。古人认为方铅矿很神奇。方铅矿碾碎后，可以用来涂眼线，埃及法老和古代贵族都曾使用过。方铅矿熔化后，里面全是铅。铅是一种柔软的灰色金属，非常重，也很有用。古罗马人曾用铅来制造管道和铺设引水渠，因为它不容易被腐蚀。可是，他们从来没有意识到铅是有毒的。

[方铅矿] 族类：硫化物　成分：硫化铅　颜色：深灰色　条痕色：铅灰色
光泽：金属光泽至无光泽　硬度：2.5+　比重：7.5–7.6

黄铁矿

很多人误把黄铁矿当成大块黄金，所以它有时被称为“傻瓜金子”。

黄铁矿虽然由铁和硫组成，却一点儿也不黯淡。猛烈撞击其他岩石时，它会迸发出明亮的火花，所以在古代曾被用来生火，它的英文名“Pyrite”正是来自古希腊语中的“火”。黄铁矿很常见，任何看起来有点儿锈迹的岩石里面，都可能含有一点儿黄铁矿，因为它所含的铁在空气中会生锈。

[黄铁矿] 族类：硫化物　成分：硫铁化合物　颜色：铜黄色
条痕色：绿黑色　光泽：金属光泽　硬度：6–6.5　比重：5.1+

朱砂

朱砂是鲜红色的，它的英文名“Cinnabar”来自古波斯语，意为“龙血”。

但要小心，它是由有毒的汞组成的。过去，人们常在火山和温泉附近（朱砂形成的地方）寻找它，用它来制作朱红色的油漆等颜料。还有一些女性甚至用它做化妆品，但她们不知道这东西正在慢慢地毒害自己。幸运的是，你今天在商店里看到的朱砂都是安全的，是“仿制”朱砂，但在使用时仍然要“小心为妙”。

[朱砂] 族类：硫化物　成分：硫化汞　颜色：深浅不一的红色
条痕色：红色　光泽：金刚光泽　硬度：2–2.5
比重：8.0–8.1

了不起的矿石

我们的世界离不开金属。

从汽车、房屋到智能手机和平底锅，所有东西都含有金属，而这些金属都来自岩石。岩石中含有大量金属，但是它们不容易被找到。如果你超级走运，可能会在地下发现一些天然的金块或铜块，但大多数金属都被封闭在某些特定的矿物中，含有这类特定矿物的岩石就叫矿石。

世界上有成千上万种不同的矿物，但矿石只有100种左右。

方铅矿富含铅，所以是主要的铅矿石。

铁存在于多种矿石中，如赤铁矿和磁铁矿。

黄铁矿也含有大量铁，但很难提取，所以没有人会白费力气！

有些矿石含有一种以上的金属，比如你从方铅矿中提取出铅时，还可能会意外收获银子呢！

怎样从岩石中取出金属？

- 从地表或地下深处开采岩石。
- 通过粉碎、清洗和筛选，甚至使用磁铁和电，从岩石中分离出矿石。
- 用“熔炼”的办法从矿石中提取金属，即加热矿石直到金属熔化流出。当然，你也可能需要用电或化学物质来代替加热。
- 将提取出来的金属进一步精炼或提纯，或是与其他金属混合制成“合金”。

我们还需要钕、镝、钆等稀土元素来制造智能手机和电动汽车电池等现代科技产品。这些金属很难提取，它们的主要矿物来源是独居石和氟碳铈矿。

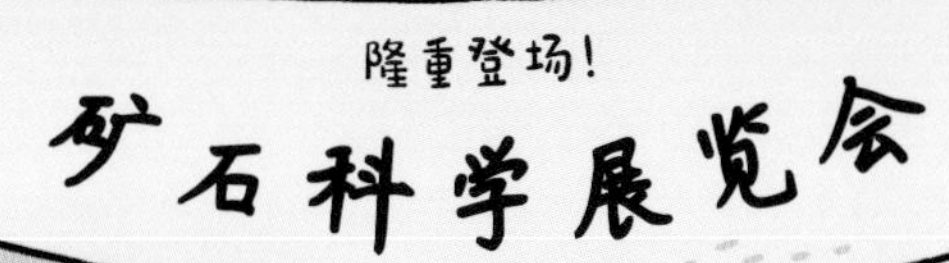

看一看主要的矿石矿物以及它们所含的金属吧！

重晶石

白色或无色的重晶石是矿物中的重量级选手。它的英文名“Barite”来自希腊语“Baryos”，意为“沉重的”。加入重晶石粉的泥浆常被泵入石油钻机，用来抑制井下喷涌的石油。重晶石密度非常大，所以又常被制成混凝土砖块，用来隔绝医院里 X 光机等扫描仪的危险辐射。

圆滑、优雅的家伙

重晶石看起来平平无奇，它很少形成漂亮的晶体，通常呈现为暗淡无光的、脏兮兮的白色。重晶石里面含有钡，可以用来制造一种滑滑的粉末，把它们添加到纸牌里，可以让纸牌表面更加光滑，容易抓捻。

但有时候，在地下水渗入砂岩的地方，重晶石也可以结成完美的玫瑰状的共生体，这些重晶石玫瑰的直径大都在1—10厘米之间，最大的可以达到这一尺寸的5倍。玫瑰的每一片“花瓣”都是一个重晶石晶体。1968年，美国俄克拉荷马州正式认定重晶石玫瑰为该州的代表岩石。

钡还有一位表亲叫天青石。这是一种美丽的淡蓝色矿物，形成于海底的沉积物中，是水在渗过沉积层时形成的。天青石是锶的矿物来源，后者可用于制造烟花——但它在燃放时是红色的，而不是蓝色的。

如果你有肠道问题，医生可能会让你在检查前喝一种含有硫酸钡的饮料，称为钡餐。钡餐的密度非常大，这样一来，X射线就能照出你肠道的形状了。

【重晶石】族类：硫酸盐　成分：硫酸钡　颜色：无色或白色　条痕色：白色
光泽：玻璃光泽　硬度：3–3.5　比重：4.5

石膏是一种极其常见的矿物，而且非常有用。如果你在室内，请走到墙壁前摸一摸，你摸到的很有可能就是石膏。这是一种粉末状矿物，可以涂抹在墙上，使墙壁变得光滑。

残留的晶体

石膏岩有时会形成一种美丽、苍白的石头，叫作雪花石膏。这种石膏自古就是雕塑家们的雕刻石材，因为它很光滑，便于雕琢。

含盐的水蒸发后会残留下各种盐类，石膏就是其中的一种。这就是为什么在世界各地曾是浅海或潟湖的地方，都会形成厚厚的软石膏岩床层。这种石膏岩很容易碎成又细又软的粉末，也就是我们用来做墙体涂料的石膏。

你也可以在其他岩石（比如石灰岩和砂岩）中发现石膏。但它并非总是细腻的粉末，有时还会形成又长又细的丝状白色晶体，称为纤维石膏；又或者以更大块的乳白色晶体形式存在，称为透明石膏。纤维石膏和透明石膏看起来与石膏岩截然不同，但它们基本上都是石膏。我们一生中可能会吃掉12.7公斤石膏，因为它被广泛用来使食物膨化，从面包、冰淇淋到意大利面，甚至豆腐，都会用到石膏粉。不过放心，石膏在这些食物中经过加工后是无害的。

美国白沙国家公园位于新墨西哥州，占地700多平方公里，那里处处都是壮观的纯白色石膏沙丘。

[石膏] 族类：硫酸盐　成分：硫酸钙　颜色：无色或白色　条痕色：白色　光泽：玻璃光泽　硬度：2　比重：2.3+

铬铅矿之所以呈现艳丽的橘红色，是由于铬元素的存在。它生长出许多细长的、显眼的针状晶体，整体看上去像一块乱糟糟的橘色针垫。在澳大利亚塔斯马尼亚州的邓达斯，人们发现了一些长度达 10 厘米的巨型铬铅矿晶体。但大多数铬铅矿晶体都要小得多，而且脆弱易碎。铬铅矿（Crocoite）的英文名来源于藏红花（Crocus），后者的柱头和花药是一种超级昂贵的橘红色香料。

[铬铅矿] 族类：铬酸盐　成分：铬酸铅　颜色：橘红色　条痕色：橘黄色
光泽：金刚光泽或玻璃光泽　硬度：2.5–3　比重：6.0+

钼铅矿

钼铅矿可以生长出许多奇特的、嵌合在一起的橘黄色薄片晶体，整体看上去像一堆塑料筹码。它形成于铅和钼矿石一起暴露在空气中的干燥的地方。最璀璨夺目的钼铅矿晶体是在美国亚利桑那州尤马县的红云矿中发现的，这里的钼铅矿晶体十分壮观，色泽鲜艳，完全可以作为宝石。钼铅矿是岩石猎人喜欢收集的一种矿物！

[钼铅矿] 族类：钼酸盐　成分：铅钼酸盐　颜色：橘黄色
条痕色：白色　光泽：玻璃光泽　硬度：3　比重：6.8

独居石

一定要远离独居石，因为它有放射性！这是一种非常有用的矿物，有着金褐色的颗粒，由磷和某些稀土元素（如铈和镧）结合而成。汽车制造商很喜欢独居石里的稀土元素，因为它们可以用在排气系统的催化转换器中，去除汽车尾气中的一些有害物。另外，我们的智能手机也离不开稀土元素。

[独居石] 族类：磷酸盐　成分：稀土金属磷酸盐　颜色：褐色或金色
条痕色：白色或黄色　光泽：树脂光泽　硬度：5–5.5
比重：4.9–5.3

绿松石

这种美丽的蓝绿色宝石有大海和天空的颜色。美洲印第安人称绿松石为“坠落的天空石”，并相信它的颜色来自天空中的雨水。绿松石是古代文明所珍视的宝物——图坦卡蒙的陪葬面具和重要的阿兹特克面具中都有它。最珍贵的绿松石是淡淡的天蓝色的，尤其是当它里面有纤细的杂质脉络时，便足以证明它是天然、纯粹的。

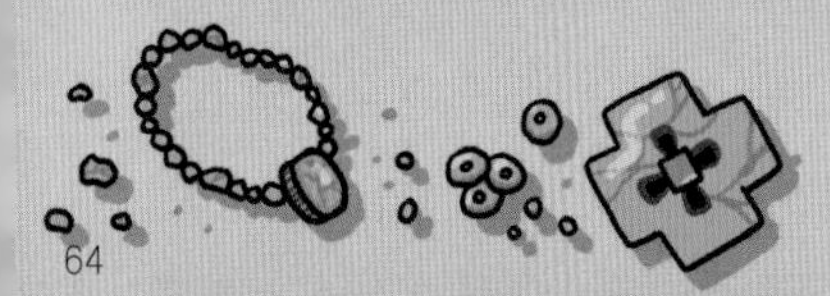

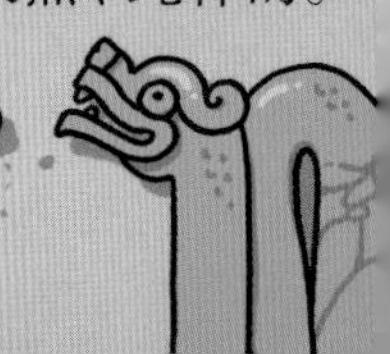

古老的宝物

绿松石（Turquoise）的英文名来源于法语，意为“土耳其宝石”。很久以前，最好的绿松石开采自波斯（如今的伊朗）的沙漠中，然后经土耳其运往西方。如今，有一部分最好的绿松石来自美国西南部亚利桑那州和内华达州的矿山。古埃及人用来制作图坦卡蒙面具的绿松石，可能来自西奈半岛的马夫卡特（Mafkat，意为“绿松石之邦”）地区。

你可能发现了，上面这些绿松石的产地有一个共同点——气候又干又热。这是因为，尽管绿松石中含有水分，却只能形成于干燥的地方。它由铜和铝组成，呈结核状或脉状生长在铜矿床附近，那里的地下水会渗过铜矿附近富含铝的岩石。绿松石里面含铜越多，颜色就越蓝。

阿兹特克人对绿松石情有独钟，甚至用它命名了一位神——修特库特利。这位绿松石之神掌管着火、白天、黑夜和火山。

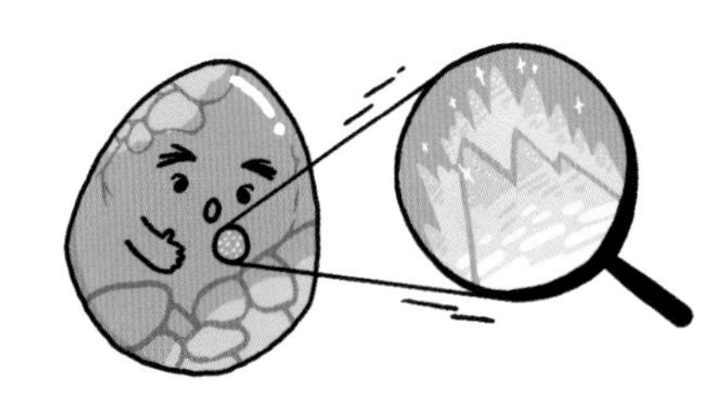

绿松石的外观跟水晶很不一样。它看起来既光滑又结实，但在显微镜下仔细观察，你可能会看到一些非常细小的晶体。

[绿松石] 族类：水合磷酸盐　成分：铜铝磷酸盐　颜色：蓝绿色　条痕色：白色，略带绿色　光泽：蜡质光泽
硬度：5–6　比重：2.6–2.8

岩盐

顾名思义，岩盐就是以岩石形式存在的盐！它由正方体形状的盐晶体构成，和我们在食物中添加的食盐是同一种东西。岩盐是由古代海水蒸发后留下的盐形成的，被埋藏在地下数百万年。它通常是褐色的，但也可以呈现为粉红色，甚至是蓝色。

盐矿

直至20世纪，穿梭在撒哈拉沙漠中的大型商队用来驮盐的骆驼动辄达到2万头甚至更多。古罗马人曾修建过一些专门运盐的道路，其中最著名的当数意大利的萨拉里亚大道。

大多数岩盐形成于很久以前，那时候，如今的陆地还是一片海洋。炽热的阳光炙烤着海水，蒸发掉其中的水分，留下大量含有盐分的沉积物，这些沉积物被掩埋在地下，受到上方岩石和土壤的压迫，慢慢形成了岩盐。如今，在有些地方(比如中东地区的死海)，这种情形仍在发生。

当我们想让食物保存得更久、味道更好，或是想除去路面上滑溜溜的冰雪时，就需要用到岩盐。古埃及人在制作木乃伊之前，甚至会用盐来让尸体变得干燥。地下盐矿的开采已有数千年历史，世界上已知最古老的盐场，是中国的谢池湖盐场，其历史可以追溯到公元前6000年。如今我们使用的盐，通常来自炎热地区的海水蒸发。

在波兰克拉科夫附近的维利奇卡，有一座巨大的地下盐矿，已经开采了700年。如今，那里有总长度达245公里的巷道，甚至还有矿工们用盐雕刻的令人惊叹的教堂和雕像。

[岩盐] 族类：盐　成分：氯化钠　颜色：白色、粉红色或蓝色　条痕色：白色　光泽：玻璃光泽　硬度：2　比重：2.1+

萤石

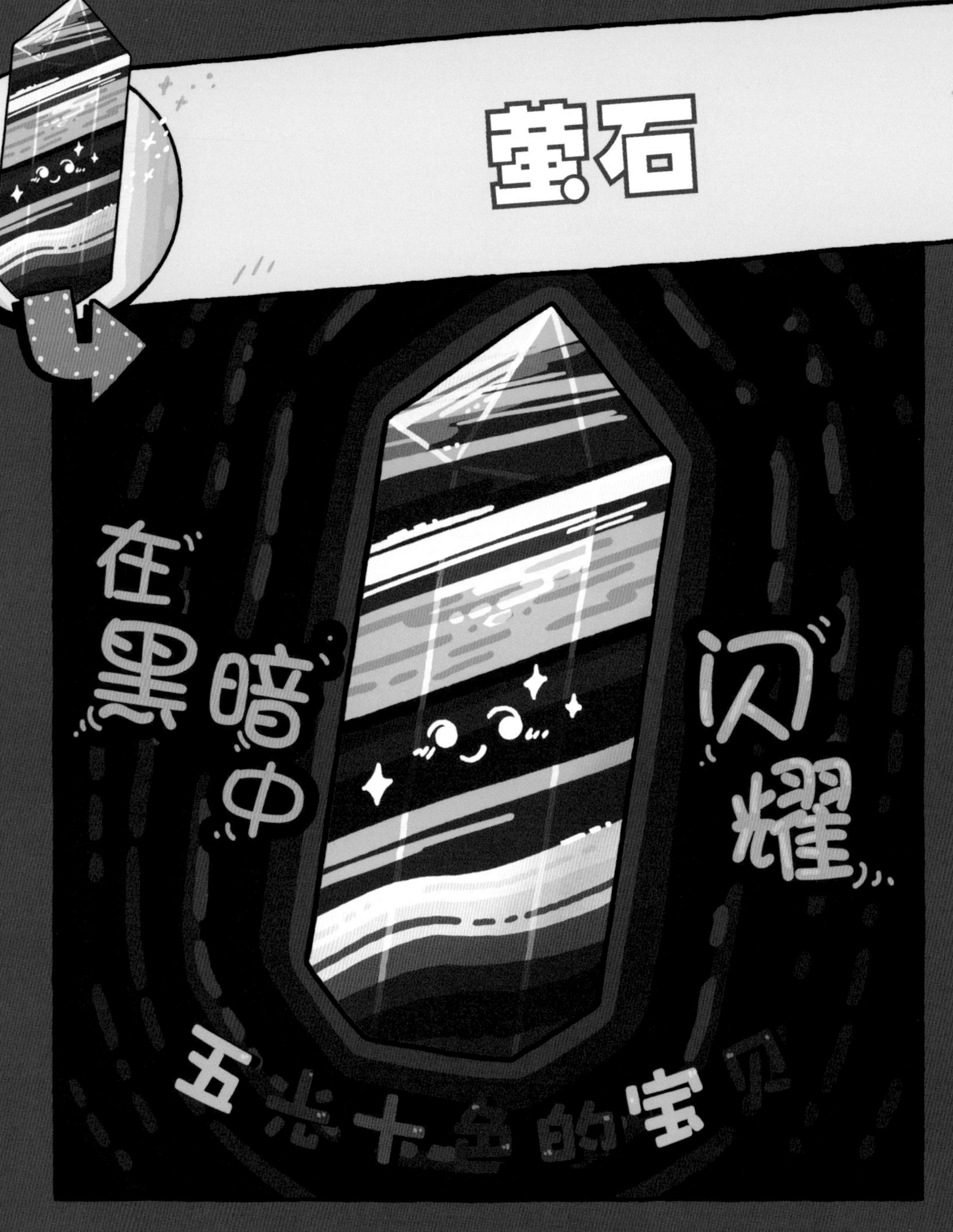

萤石是目前人类发现的最光彩夺目的矿物。它有彩虹一样的颜色，即便是单晶体，也能呈现出五颜六色的光彩。萤石基本是由氟化钙构成的，但它所呈现的光彩多半来自其中所含的微量稀土元素。例如，钇元素可以使萤石焕发出一种奶油质地的薰衣草颜色，看起来非常可爱。

华丽的玩物

蛍石可以形成绚丽多彩的晶体，却很少被当作宝石。这是因为它质地柔软且易碎，很难切割成形。但收藏家们仍然很喜欢它，并且热衷于寻找珍贵的蛍石标本。最珍贵的蛍石是发现于欧洲阿尔卑斯山的粉紫色晶体，足以媲美烟熏石英。德国哈尔兹山脉中发现过一些细小而奇妙的绿色蛍石，英国康沃尔的锡矿中也曾发现过蛍石。另外，人们还在美国田纳西州著名的埃尔姆伍德矿场发现了数量丰富的紫色蛍石。

纯粹的蛍石晶体是无色的。它们所有的颜色都来自晶体的原子结构中一个被称为“色心”的微小缺陷，以及其中所含的杂质——某些含量微乎其微的其他元素。有些蛍石（Fluorite）能在黑暗中发光，所以就有了“荧光（Fluorescence）”一词。

某些种类的蛍石，如蓝约翰，带有独特的带状条纹。“蓝约翰（Blue John）”这个名字来自法语“Bleu-Jaune”，意为“蓝色—黄色”。这很奇怪，因为蓝约翰明明是紫色的！

蛍石不仅好看，还可以用来制造氢氟酸，而后者又可以制成氟化物。把氟化物添加到牙膏和水中，可以让你牙齿光洁，笑口常开。

[蛍石] 族类：盐　成分：氟化钙　颜色：多种颜色　条痕色：白色　光泽：玻璃光泽　硬度：4　比重：3–3.3

尖晶石是个“骗子”！由于红色的尖晶石酷似红宝石，而蓝色的尖晶石又酷似蓝宝石，所以很多人都被它愚弄了！英国王室有一顶王冠，正面镶有一颗硕大的红色宝石，人们曾经以为那是红宝石，称它为“黑王子红宝石”。而如今我们知道，那其实是一块尖晶石，而且是世界上最大的未经切割的尖晶石之一！所以，难怪人们把尖晶石叫作“大骗子”。

神灵打磨的宝石

尖晶石形成于大理石之类的变质岩中，它的八面体晶体结构非常完美，简直就像是经珠宝匠人之手切割而成的！在亚洲的缅甸，人们过去常说尖晶石是一种“神灵打磨的宝石”。缅甸是某些顶级尖晶石的产地，很久以前，这里出产的大颗尖晶石曾被封建王朝的统治者当作战利品代代相传。

过去，许多人都曾把尖晶石误认成红宝石、蓝宝石，甚至是钻石。但在1783年，法国矿物学家让-巴蒂斯特·戴利斯勒证明，其中很多都是尖晶石。在很长一段时间里，人们认为尖晶石是“冒牌货”，不太重视它的价值。现在，人们则认为它本身就是一种美丽的宝石。

尖晶石晶体通常是八面体，但有时它们的晶面会形成三角形。在非常罕见的情况下，两个三角形晶体还会形成一颗奇妙的“六芒星”。

尖晶石并非某种特定的矿物，而是有很多变种，比如绿色的锌尖晶石和黑色的铁尖晶石，还有著名的“红宝石”尖晶石。

[尖晶石] 族类：复合氧化物　成分：镁铝氧化物　颜色：典型为红色，但也可以为绿色，或带有蓝色
条痕色：白色　光泽：玻璃光泽　硬度：7.5–8　比重：3.6–4

红宝石

红宝石色泽深红，世间罕见，比钻石还珍贵，被古代印度人称为“宝石之王”。它们形成于很久很久以前，大理石之类的岩石如同地球内部高温烤成的蛋糕，而红宝石就像一颗颗点缀其中的暗红色樱桃。红宝石非常坚硬，当岩石的其他部分都被侵蚀掉之后，它们却留存下来，静静地躺在河床里，等待着被幸运儿们发现。

刚玉的表亲

人类迄今发现的最大的红宝石之一，重量超过1.8公斤，被雕刻成自由钟的形状。2011 年，它在美国特拉华州的一家珠宝店被盗，至今仍然下落不明！

红宝石属于刚玉家族，是世界上最坚硬的矿物之一。纯粹的刚玉呈现为深褐色或黑色，而红宝石的奇异色彩来自其中所含的微量铬杂质。它在地壳深处经巨大的高温和高压锻造而成，几乎坚不可摧。有些红宝石至今已有 30 多亿年的历史！

千百年来，最好的红宝石产自亚洲缅甸的河流，它们是在岩石的被侵蚀处发现的。位于格陵兰岛偏远山区的阿帕卢托克矿，是目前世界上仅有的几处红宝石矿之一。红宝石颜色不一，从近乎粉色到近乎紫色都有，而最为珍贵的深红色被称为“鸽子血”。

这是世界上最昂贵的宝石之一，叫作“日出红宝石”，这个名字来源于13世纪波斯诗人鲁米的一首诗。它在2015年的拍卖会上卖出了3000万美元的天价！

[红宝石] 族类：氧化物　成分：氧化铝　颜色：红色　条痕色：无　光泽：金刚光泽　硬度：9　比重：4

矿物侦探

辨别一种矿物就像解一道谜题。有时候，你可以从某一条线索中得到答案；但大多数时候，你需要拼凑出大量的线索才能解开这个谜团！你可以把自己的笔记和这本书里的数据对比一下。

易于辨认的关联性：

许多矿物通常结伴出现,称为“矿物组合”。如果你认识某些矿物的“铁哥儿们”，就会更容易辨认出它们!

- 蓝色的蓝铜矿——绿色的孔雀石
- 紫色的萤石——黑色的闪锌矿
- 红色的石榴石——黑色的云母
- 绿色的亚马孙石——烟熏石英
- 黄铜色的黄铁矿——乳白色的石英
- 绿色的磷灰石——橙色的方解石
- 金褐色的重晶石——黄色的方解石
- 紫色的紫水晶——无色或金色的方解石

它是什么颜色？

仅凭颜色就能辨认出一些矿物质。但要注意，由于存在不同的杂质，大多数矿物质会呈现出多变的颜色。

黄色和金色：

带有金属光泽：金或黄铁矿

奶油黄色：硫黄

糖浆光泽的金色：雌黄

红色和橘色：

血红色：朱砂

胡萝卜色：铬铅矿

深红色：红宝石

锈红色：红碧玉

橘子酱色：黄水晶

紫色和蓝色：

较淡的黑醋栗色：紫水晶

海蓝色：蓝铜矿、青金石

天蓝色：蓝宝石

绿色：

森林绿：孔雀石

翠绿：橄榄石、祖母绿

晶体惯态：它是什么形状？

我们不可能总是看到形状完美的晶体，但是，你通常可以通过它在生长过程中所形成的独特形状来辨认某种特定的矿物，矿物晶体的这种惯常形态被称为“晶体惯态”。你可以对照本书第 8—9 页来辨别不同的矿物。

矿物侦探

你可以在家里做三项简单的检测，来确定某种矿物的身份。

看条痕

试着用你的矿物划过一块旧瓷砖的无釉背面，这样一来，许多矿物就会留下一条颜色始终不变的“条痕”。

许多矿物会留下白色条痕，仅凭借这一点，你就可以排除掉其他彩色条痕和没有条痕的矿物。

测硬度

矿物的硬度用莫氏硬度表来测量，有 10 种参考矿物可供比较。你可以通过测试哪种参考矿物会被它划伤，哪种参考矿物会划伤它，来确定你的矿物在硬度表中的位置。为此，你需要有硬度表上各种参考矿物的样本，或是推荐的替代品。

莫氏硬度表

（1 表示硬度最小，10 表示硬度最大）

1. 滑石

2. 石膏或指甲

3. 方解石或镍币

4. 萤石或铁钉

5. 磷灰石或旧玻璃杯

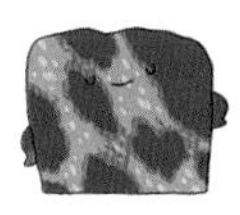
6. 长石

7. 石英

8. 黄玉

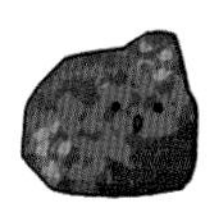
9. 刚玉

10. 钻石

称重量

你可以测量某种矿物的比重，也就是它和水的密度比。你需要准备一个弹簧秤——五金店就能买到。

1. 把你的矿物样品挂在弹簧秤上，称重并记录。

2. 还是把样品挂在弹簧秤上，并让样品浸没在水中，再次称重并记录。

3. 用第一次的重量除以两次重量的差，就能得到这种矿物的比重。

赤铁矿

赤铁矿是世界上最重要金属的主要来源，其中 70% 的成分是铁。它通常带有肾形的、疙疙瘩瘩的结块，叫作肾状铁矿。另外，它还常在沉积岩床中形成分布层，以红赭石的形态存在。几万年前，人类早期的艺术家们曾用红赭石来绘制第一批洞穴壁画。

[赤铁矿] 族类：氧化物　成分：氧化铁　颜色：钢灰色到土红色　条痕色：红色　光泽：金属光泽　硬度：5–6　比重：5.3

磁铁矿

与赤铁矿一样，磁铁矿也是一种主要的铁矿石。磁铁矿具有磁性，是地球上天然磁性最强的矿物。中国人很早就发现了磁铁矿的这种特性，并用天然磁铁矿磨制成指南针，用来指示方位。后来，指南针传到欧洲，在欧洲的航海活动和地理大发现中发挥了不可替代的重要作用。

[磁铁矿] 族类：氧化物　成分：氧化铁　颜色：黑色　条痕色：黑色　光泽：金属光泽　硬度：5.5–6.5　比重：5.1

菱铁矿

菱铁矿是一种比赤铁矿和磁铁矿软得多的铁矿石。它会形成薄薄的矿床，分布于页岩、黏土或煤炭等沉积层中。有时，它会与黏土混成几乎像铁一样坚硬的矿床，这种矿床称为铁质泥岩。铁质泥岩的结核中，通常包含着微小的千足虫和贝类化石。

[菱铁矿] 族类：碳酸盐　成分：铁的碳酸盐　颜色：深褐色
条痕色：白色　光泽：玻璃光泽　硬度：3.5–4.5
比重：3.9+

褐铁矿

当铁矿物的表面开始生锈并长期保持潮湿时，就形成了黄褐色的褐铁矿（也称黄赭石），许多洞穴壁画中的黄色便来自粉末状的褐铁矿。那些古老的、面积巨大的、厚度达到 60 米以上的褐铁矿地层，被称为条带状铁建造（BIF）。它们形成于地球历史的早期，当时的海洋中富含铁元素。北美苏必利尔湖附近就有一个著名的条带状铁建造。

[褐铁矿] 族类：氧化物　成分：水合氧化铁　颜色：黄色、褐色
条痕色：褐黄色　光泽：黯淡，如泥土
硬度：4–5.5　比重：2.9–4.3

铝土矿是铝的主要来源。这是一种非常柔软的、混合着泥土的棕白色矿物，常在闷热、潮湿的热带环境中风化成厚厚的一层。铝是一种极其有用的金属，它轻便、坚硬、耐腐蚀，可用于制造从饮料罐到飞机等很多东西。另外，它还可以无限回收，人们过去使用的铝有 75% 至今仍在循环使用！

价值不菲的泥土

全世界每年要使用1800亿个铝制饮料罐！铝是100%可回收的，所以要记得回收空罐哦！

1821年，法国地质学家皮埃尔·贝蒂埃在法国雷堡附近发现了一种红色泥土，而当时人们对此毫不在意，他们根本不知道这种泥土中充满了以氢氧化铝形式存在的铝以及其他矿物。

1824年，丹麦科学家汉斯·奥斯特首次成功提取出一些纯铝金属。但在此后一段时间内，铝仍然是非常罕见而特殊的。直至1886年，用电解铝土矿来获得大量铝的办法成为可能，一些巨大矿层也相继在世界各地被发现。如今，铝是仅次于铁的最常用金属，而几乎所有的铝都来自铝土矿。

在19世纪50年代，铝还非常罕见。据说有一次法国皇帝拿破仑三世大宴宾客，客人们都使用银制餐具，只有拿破仑一个人使用铝制刀叉。另外，他还曾用铝给自己的儿子做了一只拨浪鼓！

从铝土矿到铝

铝土矿从巨大矿场的地面被采挖出来。

铝土矿经过热煮、洗涤提取出氧化铝，这一工艺叫拜耳法。

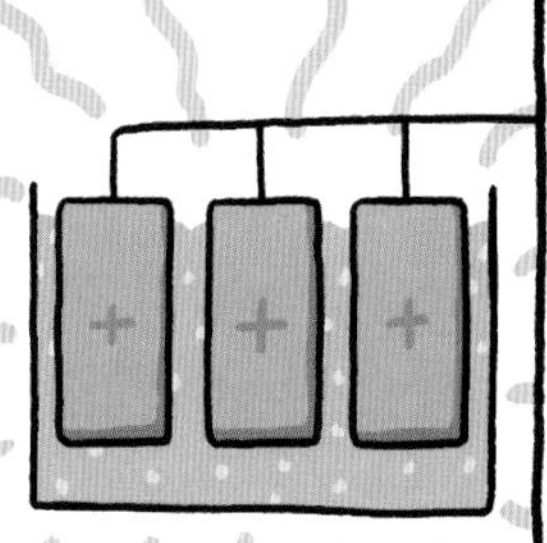

氧化铝经电解提炼出纯粹的铝金属，这一工艺叫霍尔-埃鲁法。

铝金属被制成许多产品，从饮料罐到计算机，从办公室的窗子到汽车和飞机……

[铝土矿] 族类：氧化物　配方：氢氧化铝　颜色：淡红、浅黄或银白色　条痕色：白色　光泽：金属光泽　硬度：1.5　比重：2.72

方解石

你在各处见到的石灰岩，大部分都是方解石。你在水壶和浴缸壁上见到的水垢，也是方解石！它可以形成 300 种不同的晶体，因其不同的独特形状而有不同的名称，如犬牙（方解）石和钉头（方解）石。

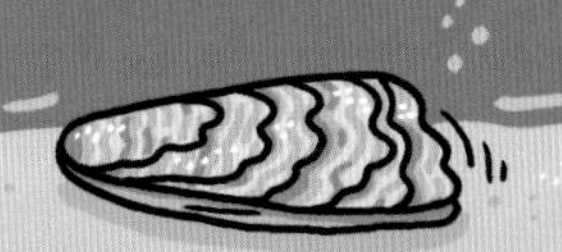

贝壳和骨骼

蛋壳由并排在一起的柱状方解石构成。

地球上的很多方解石都来自贝类！贝壳就是由方解石和另一种叫作霰石的类矿物组成的。方解石是石灰岩（见第32—33页）的主要成分，主要由亿万年间堆积在一起的微小海洋生物的贝壳和骨骼组成。

方解石的化学成分是碳酸钙——金属钙和碳、氧的化合物，其中的钙则是由贝类从周围的水体中获取的。令人难以置信的是，有超过500万亿吨的金属钙溶解在全世界的海洋中！与此同时，海洋中还溶解有大量的二氧化碳。贝类从水体中吸收了这些成分，将它们结合在一起，生长出自己的贝壳。另外，我们也可以从奶制品（如牛奶和奶酪）及绿叶蔬菜（如羽衣甘蓝和花椰菜）中获取身体所需的钙。

冰洲（方解）石是一种由纯方解石形成的透明晶体，当你透过它看物体时，会看到双重影像。冰洲石可能是维京人最早发现的，在他们征服大海的过程中了扮演重要角色。

【方解石】族类：碳酸盐　成分：碳酸钙　颜色：白色　条痕色：白色　光泽：玻璃光泽　硬度：3　比重：2.7

霰石

霰石是方解石的孪生兄弟。它的化学性质与方解石相同，但晶体形状不同，质地更坚硬，密度也更大。它与方解石一起存在于贝类的外壳中。此外，它还是构成珊瑚虫骨骼的主要矿物，而珊瑚礁正是由亿万珊瑚虫的骨骼堆积而成的。

大海的珠宝

许多外表粗糙的贝壳都有一个超级光滑、熠熠生辉的内衬，带有银白色或彩虹般的光彩。这个神奇的内衬叫“珍珠层”或“珍珠母”，是贝类的内部保护层。

牡蛎的珍珠层可以形成一种漂亮的小球，叫作珍珠，是一种宝石。珍珠的颜色有很多：黑色、玫瑰红、蓝色、绿色、紫色、黄色、白色……其中最有价值的是白色和银白色的海水珍珠。

霰石是构成珍珠层的主要物质，但它是通过一种叫壳基质的角质物结成一体的。珍珠层熠熠生辉的彩虹色，来自层层壳基质和霰石对光线反射的干扰，最终将其分解成了不同的颜色。

采珠人潜到海底，寻找可能藏有美丽珍珠的牡蛎。

弗洛里霰石，又称“铁之花”，像绽放在铁矿石中的花朵。但它们根本不是花，而是白色的霰石晶体，在漫长的岁月中生长成迷人的形状。

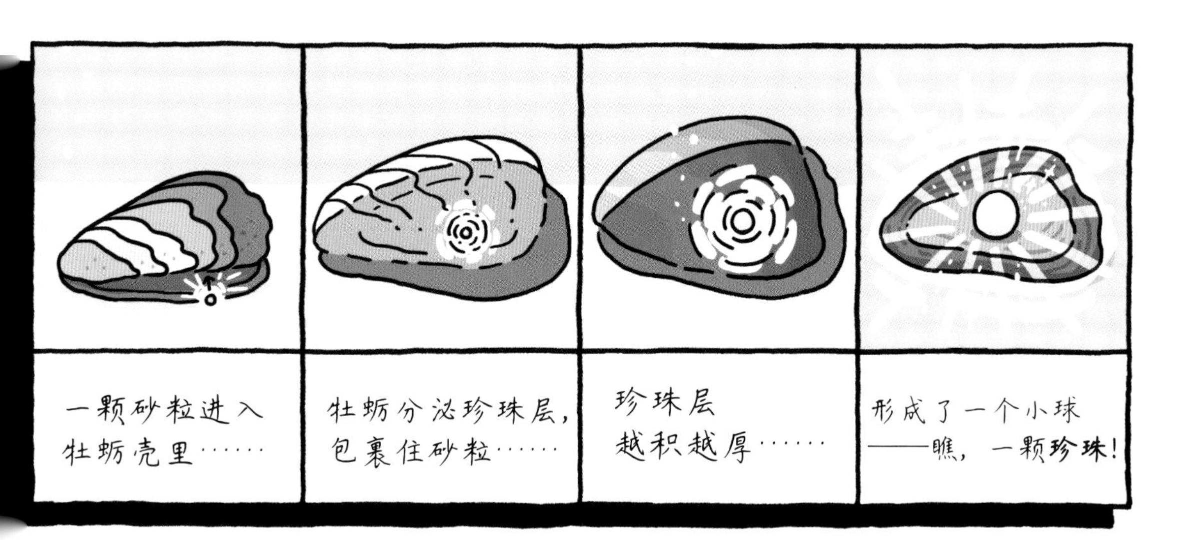

[霰石] 族类：碳酸盐　成分：碳酸钙　颜色：白色　条痕色：白色　光泽：玻璃光泽　硬度：3.5–4　比重：2.9–3

孔雀石带有条纹，泛着绿光且永不褪色，它是铜、青铜或富含铜的岩石暴露在空气中所形成的一种带有丝绒光泽的绿色残积物。当富含铜矿物的水缓缓流经地表时，会在洞穴和沟槽中形成硕大、光滑、圆滚滚的孔雀石晶块。晶块切片后，会呈现出美妙的带状花纹。

跟着绿色走

很久以前，人们就意识到孔雀石其实是一种暴露在地表上的、泛着绿光的路标，指示着通往铜矿的道路——铜是人类使用的第一种金属。但古埃及人留意到，孔雀石本身在被雕刻和抛光之后，也能够焕发出令人惊艳的美。孔雀石还是人类最早用于绘画的绿色颜料之一，因为它很容易被磨成细粉。古埃及人就曾把它用在坟墓中。

18 世纪，乌拉尔山脉下发现了大量孔雀石矿藏。俄国皇室很喜欢这种矿石，圣彼得堡的冬宫中甚至有一个专门的孔雀石大厅，里面很多东西都是用亮闪闪的绿色孔雀石制作的。如今，大多数孔雀石都来自刚果民主共和国。

当周围有更多水时，孔雀石往往会变成另一种鲜艳的蓝色石头，叫蓝铜矿。几百年前，画家喜欢蓝铜矿的蓝色胜过孔雀石的绿色。

传说，乌拉尔山中有一位孔雀石女王，守护着当地的铜矿。

[孔雀石] 族类：碳酸盐　成分：碱式碳酸铜　颜色：绿色　条痕色：淡绿色　光泽：玻璃光泽至暗淡无光
硬度：3.5–4　比重：4

砂质星球

我们的世界是建造在砂粒上的！被称为硅酸盐的砂质矿物是所有矿物中存量最丰富的。全世界近一半的矿物都是硅酸盐，而占地壳 90% 的火成岩也主要由硅酸盐构成。

长石　青金石　石英　黄水晶　紫水晶

硅酸盐的形成：所有硅酸盐矿物都是由硅、氧和一两种甚至三种金属元素构成的。它们不仅十分坚硬，而且在与之同时形成的岩石一次次循环变成新的岩石之后，仍然可以存在很久。你在海滩上看见的砂粒，几乎都是来自岩石并且终将回归岩石的硅酸盐。有些硅酸盐是在沉积岩和变质岩中形成的，又或者是重造形成的，但大多数硅酸盐的历程是从岩浆冷却形成火成岩时开始的。

硅藻：动物骨骼的坚硬部分主要由钙组成，但硅藻这种海洋微生物却是一个例外，它的骨骼是二氧化硅。硅藻死亡后，会以砂质软泥的形式堆积在海底，有时会形成新的岩石。

硅酸盐金字塔：科学家根据原子构成的硅酸盐分子的不同形状结构，将硅酸盐分为不同的家族。最简单的结构是由 1 个硅原子和 4 个氧原子组成的金字塔形，其他形状都是在此基础上构造的。

虎睛石

玉髓

玉

绿柱石

电气石

长石

长石遍地都是! 整个地壳的三分之二都是长石，几乎其他所有矿物的存在都是为了填补它们之间的空隙。长石是由硅酸盐(见第 88—89 页)矿物构成的，通常不会被当作漂亮的宝石；但它是我们家庭生活中的无名英雄，可以用来制作各种东西——从马克杯到浴室瓷砖。

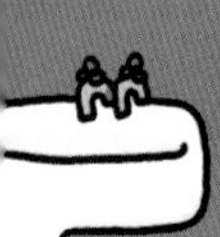

最常见的矿物

长石简直无处不在！它们是从岩浆中结晶出来的，而岩浆则是一种从地球深处涌上来形成地壳岩石的熔融物质。你甚至可以在太空岩石（包括陨石）中找到长石。

人们把各种各样的长石分为两类：一类是富含钾元素的长石，如正长石和透长石，像花岗岩这样的火成岩和片麻岩这样的变质岩，也都主要是由钾元素长石构成的；另一类统称“斜长石”，如富含钠元素的钠长石和富含钙元素的钙长石，这些长石构成了辉长岩等岩石。月亮之所以看上去发白，是因为月壤中也含有斜长石。

月光石（月长石）是一种具有乳白色光泽的长石。在印度，传说如果在满月之时把它小心地含在嘴里，就能看见自己的未来。但在成年之前，请不要尝试这么做！

拉布拉多长石（简称“拉长石”）像五光十色的彩绘玻璃窗。根据因纽特人的传说，它是从北极光（出现在北极夜空的绚丽光芒）的冰冻火焰中掉落下来的。

[长石] 族类：硅酸盐　成分：硅酸铝　颜色：灰白色　条痕色：白色　光泽：玻璃光泽　硬度：6–6.5　比重：2.53–2.76

青金石是一种柔软的硅酸盐矿物，呈鲜艳的深蓝色。当金色的黄铁矿星星点点地嵌在它里面时，恰好像星光璀璨的夜空。这种蓝色宝石以脉状和块状形成于大理石中，它的深蓝色来自硫黄。硫黄本身是亮黄色的，但与青金石中的其他化学物质结合在一起时，就把这种矿物变成了蓝色。

美丽迷人的蓝色

图坦卡蒙面具上的蓝色并非全都是青金石，因为它太贵了，连王室也不能随心所欲地使用。所以，面具周围的蓝色条纹其实是染成蓝色的玻璃浆，只有眼睛和眼圈是真正的青金石！

青金石鲜艳的蓝色令古人为之着迷。《圣经》和苏美尔人的《吉尔伽美什史诗》中都有青金石的身影，后者是世上最古老的诗歌之一，可以追溯到大约4000年前。此外，古埃及人也非常喜欢青金石，把它用在少年法老图坦卡蒙的面具上，与黄金交映生辉。

人们非常喜爱这种矿物，可它实在太珍贵了，来之不易！过去只能从遥远的萨雷桑买到，那个地方位于阿富汗崇山峻岭之间的科克恰山谷。如今，俄罗斯西伯利亚的贝加尔湖附近和智利的奥瓦列也出产青金石。但是，这仍然是一种非常稀缺的宝石。

生辰石是与你的出生月份相对应的宝石。按照传统，青金石是12月的生辰石之一。

[青金石] 族类：硅酸盐　成分：钠、钙、铝的硅酸盐和硫酸盐硫的化合物　颜色：灰白色　条痕色：白色
光泽：玻璃光泽至油脂光泽　硬度：5.5–6　比重：2.6

石英

石英是地壳中储量仅次于长石的矿物。富含硅的岩浆在冷却至750—800℃时会剩下一些硅，并由此形成石英（以及长石，或许还有白云母）。当岩石中的其他矿物在风化作用下变成尘土时，石英因为其坚硬的质地会变成颗粒和卵石。海滩上的卵石、砾石和砂粒大多是石英。砂岩之类的沉积岩中也富含石英，因为大量石英颗粒残余在沉积物中，参与新岩石的形成。至于黄水晶、紫水晶和虎睛石，则都是石英的变种。

[石英] 族类：硅酸盐　成分：二氧化硅　颜色：透明或是任何颜色
条痕色：白色　光泽：玻璃光泽　硬度：7　比重：2.65

黄水晶

石英非常善变，一丁点儿的变化——如微量的某种元素、一点点热量或辐射，或是某种气体形成的气泡——就足以使它变成不同的东西。黄水晶其实就是含有微量氧化铁的石英，是所有石英宝石中最珍贵的。古代，人们常佩戴黄水晶来防止蛇咬及辟邪。一些紫水晶在接近炽热的岩浆时就会变成黄水晶。如今，你在市场上看到的黄水晶大多数是由紫水晶加热制成的。

紫水晶

紫水晶常出现在晶洞内壁，最大的紫水晶来自巴西和乌拉圭的巨型晶洞。科学家会告诉你，紫水晶其实就是石英，只是因为含有微量铁元素而呈现为紫色。但古希腊神话则讲述了另外一个不同的故事：月亮和狩猎女神阿耳忒弥斯为了从酒神狄俄尼索斯纵容的野虎口中拯救一位名叫艾美西斯托斯（Amethystos）的少女，将她变成了一座水晶雕像，而钟情于少女的狄俄尼索斯酒醒后非常后悔，大哭起来，泪水滴到了葡萄酒中，他把酒倒在雕像上，把它染成了紫水晶（Amethyst）。

虎睛石

虎睛石也是石英的一个变种，呈棕褐色或琥珀色，带有黄色条纹，这也是由微量氧化铁造成的。有时候，它中间会有一条几乎可以发光的明亮条纹，看上去好像闪着幽光的老虎眼睛。这种效果被称为“猫眼效应”，是由部分晶体呈纤维状生长造成的。在罕见的蓝绿色石英晶体鹰眼石中，你也能看到类似效果。

有些石英矿物看起来像是美丽光滑的石头，而不像普通的、棱角分明的晶体。实际上，它们是由大量晶体组成的，只不过这些晶体太微小，几乎看不见。我们可以把这些晶体切割、打磨成漂亮的石头，统称为玉髓，其中包括许多美得不可思议的宝石，如玛瑙、缟玛瑙、红玉髓、绿玉髓和碧玉。

[玉髓] 族类：硅酸盐　成分：二氧化硅　颜色：透明或几乎任何颜色都有
条痕色：白色　光泽：玻璃光泽　硬度：7　比重：2.65

玉髓类的宝石

玛瑙是一种颜色超级丰富、条纹超级美丽的矿物，看起来有点儿像糖果！它是在岩石内部的液泡中分层硬化形成的，当液泡被切开时，这些层次就呈现为条纹状。玛瑙非常坚硬，可以打磨成锋利的刀刃，也可以制作成可爱的珠宝。玛瑙的品种很多，其中有一种中空的雷公蛋，内部生长有犬牙参差的晶体，碎裂开之后看起来有点儿像鸡蛋。

红玉髓宝石的红褐色，来自其中所含的微量赤铁矿（见第 78 页）。它是半透明的，这意味着一部分光线可以穿透它，让它看起来像是会发光。古代的勇士们常在脖子上佩戴红玉髓，以此象征勇气和征服敌人的力量。在古埃及，它被视为落日的象征，建筑大师们也常佩戴红玉髓来彰显他们的身份。

当你凝视着一颗美丽的玛瑙时，也是在回望地球的历史——它用了整整5000万年的时光才变成了这样。

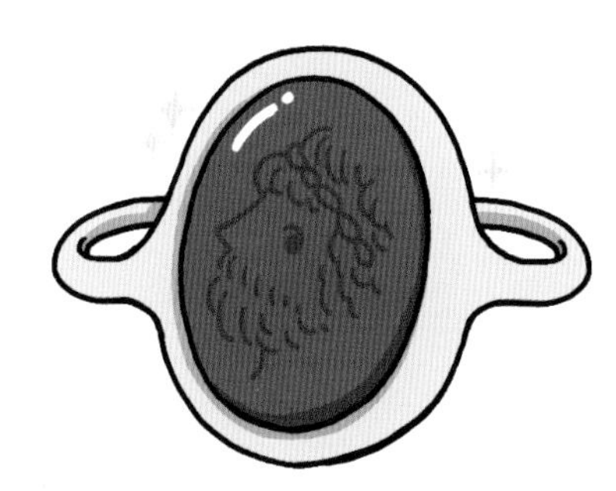

从古代到19世纪，人们会在红玉髓戒指上雕刻一个属于自己的特殊标记，用来在密封信件的热蜡上加盖印章。

玉

玉是一种鲜绿的玻璃质矿物，形成于超级炽热的熔岩中。它兼具坚硬和华丽的特征——坚硬到可以磨制刀具，华丽到可以制作珠宝，因此数千年来一直被人们所珍视。在中国，它最出名的用途是被刻成各种小雕像，比如龙、狮子和狗。雕刻这些作品需要高超的技巧，雕成后可以保存千年万载。

两类玉石

玉石矿物分为两大类；一类是翡翠，又叫硬玉；另一类是软玉，比如中国的和田玉。翡翠硬度、密度更大，更接近半透明，更加稀有；而软玉质地较软，密度较小，一般不透明，但有光泽。

中国比较古老的玉雕作品所用的都是软玉，因为中国本身并不出产翡翠。18 世纪后，中国人才从缅甸进口翡翠，所以翡翠也称“缅甸玉”。其中有一种“帝王绿”，是翡翠中颜色最浓郁、最漂亮的。由于含有微量的铬，所以帝王绿才呈现出令人惊艳的祖母绿颜色。

即使在缅甸，要找到翡翠也并不容易。事实上，除了在危地马拉，你永远不可能在翡翠形成的原始岩石中找到它。相反，如果幸运的话，你可能会在河床上发现它，因为它可能会被水流从风化的岩石中冲刷到那里，然后被磨蚀成圆滚滚的卵石。

大约 2000 年前，一些富有的中国人会用许多方形的玉片缝缀一整套铠甲。如果是皇族，就用金线缝缀，称为“金缕玉衣”；如果是其他贵族，就用银线、铜线缝缀，称为“银缕玉衣”“铜缕玉衣”。这种盔甲不是给生者穿着战斗的，而是给下葬的死者穿的，据说可以使尸骨不腐，以便转世再生。

古代南美洲的奥尔梅克人、玛雅人和阿兹特克人也都很喜爱玉石。

很多人认为，把它放在腰侧可以医治病痛。

所以，玉的英文“Jade”就来源于西班牙文“侧边的石头”。

[玉] 族类：硅酸盐　成分：钠、铝、铁的硅酸盐（翡翠）　颜色：绿色、白色或黄色
条痕色：白色　光泽：玻璃光泽　硬度：6.5–7　比重：3.25–3.35

电气石

电气石是所有矿物中颜色最奇特的。实际上，它是由一大堆矿物构成的大杂烩，种类多达几十种。你要列举任何一种颜色的矿物，里面都会有电气石。古埃及人认为，电气石吸收了彩虹的所有颜色，因此又把它叫作彩虹石。

电蓝色

不同的微量元素使电气石可以变幻出100多种不同的颜色，其中包括最好的宝石品种——以意大利厄尔巴岛命名的厄尔巴石。不过近年来，令人们趋之若鹜的是一种叫作帕拉伊巴宝石的厄尔巴石。它呈电蓝色或紫罗兰色，像流光溢彩的霓虹灯。它的蓝色来自微量的铜，而少量的锰则会使它变成紫色。

1989年，帕拉伊巴宝石首次在巴西的帕拉伊巴和北里奥格兰德两州的伟晶岩矿囊中被发现。人们非常喜欢它，很快，一大块帕拉伊巴宝石的价格就蹿升到了5万美元。2001年和2005年，人们在尼日利亚和莫桑比克也发现了类似的宝石。它们看起来一模一样，但化学成分分析表明，它们是不同的矿物。那么，这种非洲产的石头也能算是帕拉伊巴宝石吗？有人说是，有人说不是。

电气石晶体在生长过程中，当环境发生变化时，可以生长出不同颜色的条带。这样的晶体被称为"带状晶体"。比如，有一种粉红色、绿色组合成的"西瓜电气石"，看起来真的就像一块西瓜！

电气石】族类：硅酸盐　成分：钠、锂、铝、硼等的硅酸盐的氢氧化物　颜色：几乎每种颜色都有，但最多的是黑色或蓝色　条痕色：白色　光泽：玻璃光泽　硬度：7.5　比重：3–3.2

绿柱石是一类宝石，包括很多品种。它形成于伟晶岩（一种由近乎完全冷却的岩浆形成的火成岩）富含大型矿物晶体的宝库中，还生长在花岗岩晶洞中，像彩虹一般五颜六色。大多数的绿柱石晶体都很小，但在某些条件下，它们也可以长得像电线杆那么粗、那么长！

多彩的外衣

绿柱石是一种颜色多变的矿物，只要一点点不同的金属，就能变幻出不同的颜色！铬和钒可以让它变成绿色的祖母绿。微量的铁会让原本清澈的绿柱石变成漂亮的、蓝如海水的海蓝宝石，而另一种形式的铁又会让它夹杂黄色，把海蓝宝石变成蓝绿色。如果铁的含量从微量变成少量，则会产生一种可爱的黄色绿柱石，叫作太阳绿柱石，它的英文名“Heliodor”意为“太阳的礼物”。此外，金属锰（有时是铯）还会形成粉红色的摩根石，以及超级罕见的“红色绿柱石”——看起来非常像红宝石。

更加有趣的是，这些颜色并非一成不变。加热这些宝石，可以改变它们的颜色。事实上，你在珠宝店看见的许多海蓝宝石，刚从地下挖出来时并不是纯粹的亮蓝色——那是后来煮出来的！

绿柱石还是一种铍矿石。铍是一种轻便、坚硬的金属，可用于制造宇宙飞船。

摩根石是由著名珠宝商蒂芙尼公司的首席宝石学家于1910年在马达加斯加发现的，它的名字来源于蒂芙尼公司的最大赞助商——银行家J.P.摩根。

在英国康沃尔的老锡矿里，矿工们在岩石上发现了一些晶洞，里面生长着许多很像绿柱石的美妙晶体。他们用康沃尔语称之为“Vugs”，就是“洞穴”的意思。

[绿柱石] 族类：硅酸盐　成分：铍铝硅酸盐　颜色：几乎任何颜色　条痕色：白色
光泽：玻璃光泽　硬度：7.5–8　比重：2.6–2.9

祖母绿

只有四种宝石因其质量、稀有和美丽而有资格被称为货真价实的“宝石”——钻石、蓝宝石、红宝石和祖母绿。（所有其他宝石都只能称为“准宝石”）对许多人来说，祖母绿是所有宝石中最珍贵的。其他珍稀的宝石可以呈现多变的颜色，但祖母绿的颜色十分特别，只会呈现为无可比拟的鲜艳的绿色。这是一种极其特殊的绿柱石，其中的绿色来自微量的铬和钒元素。

古老的绿色

祖母绿是古老地质年代的遗存，最古老的已有近 30 亿年的历史。它们有些是很久以前由蒸汽渗进变质岩形成的，有些则形成于岩浆冷却成伟晶岩时留下的热液气泡中。因为它形成于岩石深处，所以只能靠开采得到。不过，要是你特别幸运的话，也可能会在溪流中找到一颗，那是从岩石上磨掉，然后被流水冲刷过来的。

古埃及女王克利奥帕特拉对祖母绿情有独钟，曾专门命人在红海附近开采这种宝石。此外，它们在南美洲的印加帝国也深受喜爱，如今，哥伦比亚是祖母绿的开采中心。

世界上最大的祖母绿是巴伊亚祖母绿，重达380公斤，2001年在巴西出土。2005年，这颗巨大的宝石被卖到美国，当卡特里娜飓风袭击新奥尔良时，它曾经沉入水底两个月，还好后来被潜水员捞了上来。

大多数祖母绿都有细微的裂隙，被称为"贾丁"，法语意为"花园"，大概是因为它们看起来像是极其微小的植物。祖母绿的贾丁使得它更容易碎裂。

丢失的祖母绿

1622年，
一条西班牙大帆船
携带32公斤祖母绿
从古巴起航。

2天后，它沉没了。

1985年，潜水者
打捞上来一块祖母绿，
据说价值500万美元。

但是，
它在2016年被盗，
且至今未再出现。

[祖母绿] 族类：硅酸盐　成分：铍铝硅酸、盐以及铬或钒　颜色：绿色　条痕色：白色　光泽：玻璃光泽
硬度：7.5–8　比重：2.6–2.9

蛋白石

蛋白石不同于其他任何宝石，它不是晶体，而像是坚硬的凝胶。它通常是珍珠白色或黑色的，但有一种“贵蛋白石”会泛出彩虹颜色的微光，叫作“蛋白色光”。蛋白石的颜色从来不是固定的，会随着光线或观察角度的变化而变化。

忽闪
忽闪

霓虹彩灯

只有稀有而珍贵的、露珠形状的蛋白石才会被用作宝石。它们在熔岩中形成小液滴状，然后被珠宝商打造成垫子形状的“卡波孔”，意为“依照天然形状磨圆的宝石”。每一颗“液滴”都是由许多微小球体组成的，正是光线在这些球体之间的反射方式才赋予蛋白石美丽的彩虹色泽。

有时候，你可以在化石或古老的木头上发现蛋白石碎片。此外，蛋白石也常在岩石的缝隙和矿脉中形成结壳或块状，但它们大多是普通的蛋白石，只能用作磨料或填充物。

位于干旱炎热的澳大利亚内陆的库伯佩地小镇是“世界蛋白石之都”，这里出产的宝石级蛋白石是从砂岩和铁矿石等沉积岩中开采出来的。

中世纪时，有人认为手拿月桂叶包裹的蛋白石，可以让人隐身。

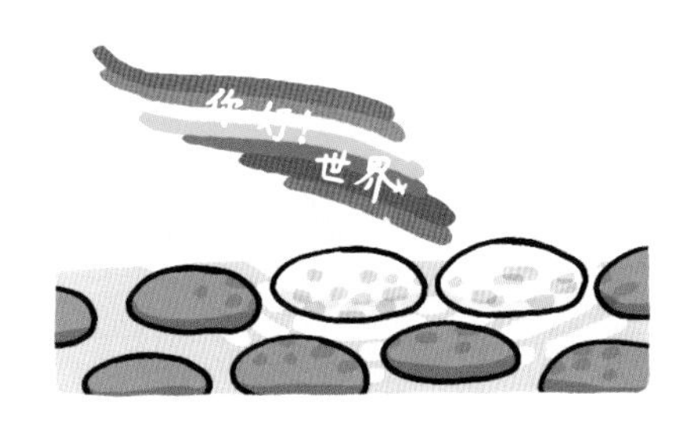

在澳大利亚古老的故事中，造物主踏着彩虹来到大地上，他的脚步所及之处，石头就有了生命，焕发出各种颜色——这就是蛋白石的由来。

[蛋白石] 族类：硅酸盐　成分：二氧化硅与水　颜色：白色、彩虹色　条痕色：白色
光泽：玻璃光泽　硬度：5.5–6　比重：1.8–2.3

千百年来，黄玉一直困扰着人们。直到大约 200 年前，人们还认为所有黄色宝石都是黄玉。黄玉虽然通常是黄色的，但也可能是透明的、蓝色的，或是许多别的颜色。它是世界上最坚硬的宝石之一，正因为这样，透明的黄玉也经常被误认为是钻石。

火石

黄玉（Topaz）的故事与火有关。它的英文名可能来自古梵语“tapaz”，意为“火”;又或是来自红海中一个名叫托帕齐奥斯（Topazios）的岛屿，那儿可能从古希腊和古罗马时代就已经在开采黄玉了。古埃及人认为，黄玉的颜色来自太阳神拉（“拉”是正午的太阳神）的金色光芒。

如今，黄玉在世界各地的山区都有发现，尤其是在巴西。它形成于花岗岩、伟晶岩（见第17页）的裂缝和矿脉中，由富含各种矿物的液体生成，且液体中必须包含少量的萤石。有一颗被称为“美国黄金”的黄玉，是世界上最稀有的宝石之一，它有172个面，重达22892.5克拉（4.5785千克）。此外，美丽的蓝色黄玉还是美国得克萨斯州的代表宝石。

帝王黄玉是所有黄玉中最稀有、最美丽的。这个名称来自19世纪的俄国，因为颜色深受沙皇喜爱，所以才冠以“帝王”之名。

在美国，你可以去犹他州托马斯山脉的黄玉山上去寻找黄玉。

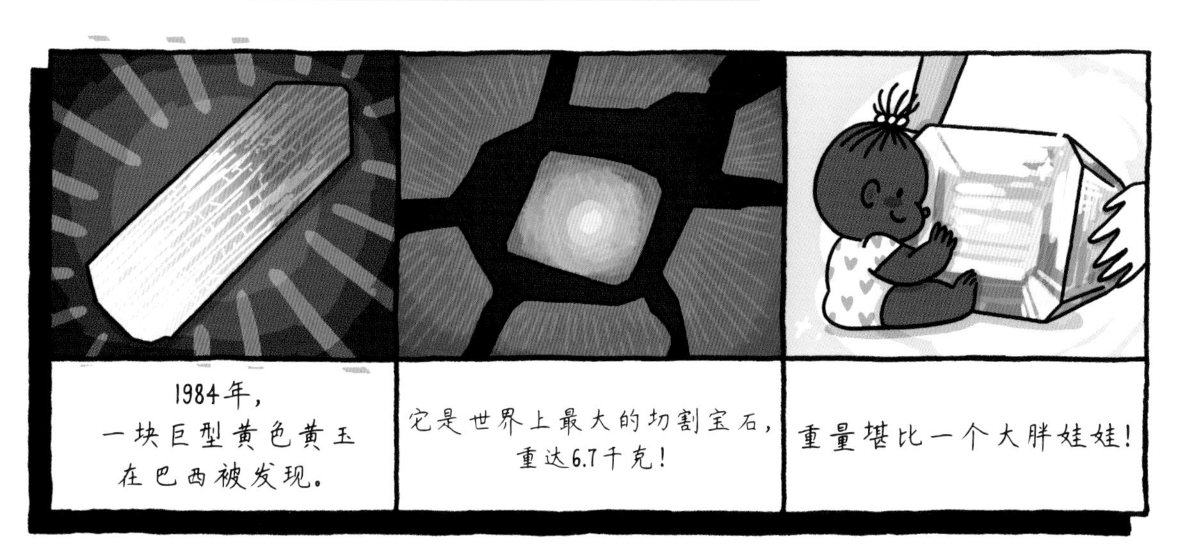

[黄玉] 族类：硅酸盐　成分：含氟羟基硅酸铝　颜色：无色、黄色、蓝色及粉红色
条痕色：白色　光泽：玻璃状光泽　硬度：8　比重：3.5–3.6

石榴石

石榴石十分坚硬，且非常漂亮。它们是很久以前在地球深处锻造形成的，通常存在于被火山爆发带到地面上来的橄榄岩（见第 14—15 页）中，看上去就好像一颗颗暗红色的樱桃点缀在黑森林蛋糕上。

挪亚的向导

过去，因为坚硬耐磨，微小的石榴石曾被用作手表轴承。

尽管石榴石以红色著称，但它实际上是一堆以绿色和灰色矿物为主的大杂烩。所以，更多的石榴石看起来好像豌豆，而不是樱桃。

所有石榴石都是在高温高压条件下形成的，有20多个品种，其中有的名字非常古怪，比如钙铝榴石、钙铬榴石，以及英文名容易和黄玉（Topaz）混淆的黄榴石（Topazolite）。还有一种叫翠榴石（Demantoid），尽管它的英文名听起来好像《哈利·波特》中的某个怪物*，但实际上，它是最受欢迎的石榴石。翠榴石是绿色的，像祖母绿，又像钻石那样熠熠闪光，所以它的英文名实际上来自钻石（Diamond）。在有关挪亚方舟的《圣经》故事中，挪亚曾用一盏石榴石做的灯笼来照亮他在大洪水中的航路，指挥方舟前行。

*指《哈利·波特与阿兹卡班的囚徒》中的摄魂怪Dementor。

钙铝榴石（Grossular）其实一点儿也不粗野（Gross）。它的英文名的本义是"像鹅莓（Gooseberry）一样"，因为这种绿色的石榴石看上去好像甜甜的鹅莓果酱。

石榴石的种类

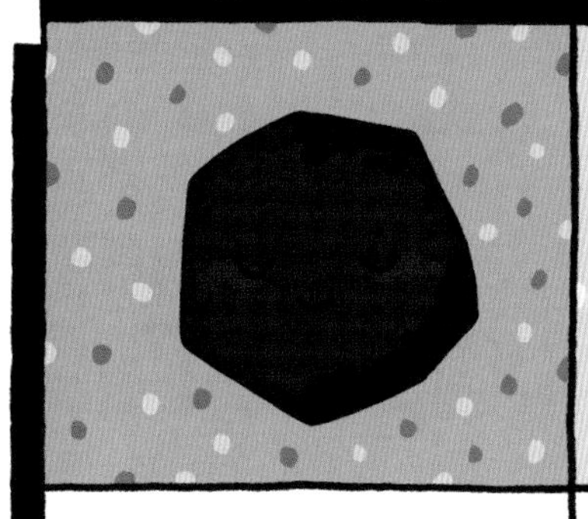		
铁铝榴石 出现在片岩和片麻岩中	锰铝榴石 出现在流纹岩和伟晶岩中	镁铝榴石 出现在纯橄榄岩和橄榄岩中

[石榴石] 族类：硅酸盐　成分：钙铁硅酸盐　颜色：绿色、灰色或红色　条痕色：白色
光泽：玻璃光泽　硬度：6.5–7.5　比重：3.8

榍石和锂辉石

榍石和锂辉石都是非常难得的矿物，只有在非常罕见的条件下，也就是当钛元素或锂元素与砂质硅酸盐结合时才能形成。它们都存在于伟晶岩（见第 17 页）中，而最好的黄榍石晶体，产自瑞士和奥地利阿尔卑斯山区的片岩裂缝中。

榍石

榍石的英文名“Sphene”来自希腊语，意为“楔(榍)子”,因为它的晶体是独特的楔形。由于富含钛元素，它又被称为钛矿石。这真是一种光彩夺目的石头，它拥有所有宝石中最强的“火彩”(晶体内部闪烁的光芒)，甚至比钻石还要闪亮。它的光芒通常不是清澈透明的，而是绿色和黄色的。

在加拿大和墨西哥，以及非洲南部海岸外面的马达加斯加岛上，都有榍石矿。

明天要顶着大太阳出门吗？榍石是二氧化钛的主要来源，后者是人们添加在防晒霜中的一种白色粉末。

[榍石] 族类：硅酸盐　成分：钙钛硅酸盐　颜色：棕色、绿色或黄色
条痕色：白色　光泽：金刚光泽　硬度：5-5　比重：3.3-3.6

锂辉石

锂辉石的英文名“Spodumene”也来自希腊语，意为“烧成灰烬”。锂辉石用途广泛，有“工业味精”的美誉，被碾碎后呈现为灰色。不过，它也能生成一种娇小可爱的粉红色宝石，叫紫锂辉石。锂辉石还是锂元素的主要来源之一，这种稀有元素可以为无数电子设备的电池提供动力，如手机和电动汽车的电池。我们现在十分需要锂来制造电池，所以大家都在满世界寻找锂辉石。

有些锂辉石晶体大如圆木。迄今为止，最大的锂辉石晶体产自美国南达科他州的布莱克山，其中有些长达15.2米！

[锂辉石] 族类：硅酸盐　成分：锂铝硅酸盐
颜色：灰白色、粉红色或黄色　条痕色：白色
光泽：玻璃光泽　硬度：6.5-7　比重：3-3.2

滑石和云母

滑石和云母几乎不会形成漂亮的、值得收藏的晶体。它们只是薄而易碎的一层，但因为它们都是有用的矿物，所以也很值得我们去了解。滑石超级柔软，是所有矿物中最柔软的，它形成于被岩浆煮熟之后的石灰岩。云母则非常薄、非常脆，是形成火成岩的岩浆混合物的一部分。

滑石

滑石虽然很软，但却是所有矿物中用途最广泛的一种。它可以用来制造纸张（作为填充材料，提高纸张的光泽度和平滑度）、陶瓷、油漆、屋顶材料、塑料、橡胶、汽车催化转换器、电线和电缆的绝缘材料、口香糖、软管、乙烯基地板……哇，简直说不完！

滑石还是一种名为皂石的块状岩石的关键成分，后者是由橄榄岩和纯橄榄岩等岩石在温度和压力发生变化时形成的。皂石也很柔软，因而长久以来一直被用于雕刻。

[滑石] 族类：硅酸盐　成分：水合硅酸镁　颜色：白色
条痕色：白色　光泽：暗淡　硬度：1　比重：2.7

滑石是莫氏硬度表中第1等级的标准（见第77页）。它非常柔软，你用指甲轻轻一刮就会留下刮痕。

云母

云母虽然是薄片状的，却不像玉米片那样松软。它有30多个不同的种类，大部分是深棕色的薄膜状，但却非常坚硬，而且耐高温。

黑云母和白云母是云母中最出名的两种。黑云母就是花岗岩中亮晶晶的“黑胡椒”一般的碎片，白云母则可以用来为电气装置提供绝缘层。此外，白云母磨碎后还可以用来制造圣诞树上的人造雪花——它磨碎后是白色的，就像它的条痕色一样！

云母无处不在。只要你所在的地方有墙，里面就可能有云母。磨碎的云母被添加在制作壁板和天花板的石膏中。

[云母] 族类：硅酸盐　成分：氢氧化铝　颜色：黑色、棕色、白色
条痕色：白色　光泽：玻璃光泽至珍珠光泽
硬度：2.5　比重：2.9

金和铜都有自己固定的颜色，能够以纯金属的形式存在于地下。正因为如此，金和铜可能是人类最早使用的金属，此后他们花了很长一段时间才摸索出来，还可以从岩石中熔化得到其他金属。相比较而言，金好比是矿物中的皇族，而铜则在推动着我们的世界不断进步。

金

黄金是少数几种以纯净状态存在于岩石中的天然元素矿物之一。它永不腐蚀，永远保持金黄闪亮的色泽，这就是人们总是用它来打造王冠、戒指和钱币的原因。同时，它也是一种良好的导体，因而也被用于手机等电子设备。

黄金有时以颗粒或块状存在于河流的砂砾中，可以淘筛出来。但是，这些砂金起初都来自岩石中的矿脉，通常与白石英和辉锑矿等硫化矿物伴生在一起。目前，世界上已被开采的黄金大约有 19 万吨，而且至今几乎仍然全部存在。

1869年，澳大利亚的两名矿工发现了有史以来最大的天然金块，比南瓜还大，重达71.6公斤！这块金块被命名为“欢迎陌生人”。

[金] 族类：天然元素矿物　成分：金元素　颜色：金黄　条痕色：金黄
光泽：金属光泽　硬度：2.5–3　比重：19.3

铜

铜是一种导体，和银一样具有良好的导热和导电性能。正因为如此，为我们家家户户供电的电线大部分都是铜做的。病菌十分讨厌铜，因为它的电子特性可以出色地杀死细菌、病毒和真菌。因此，如今越来越多的医院都在使用铜镀层的设备和材料。

铜表面刚切开时为橙红色，但当它暴露在空气中时，会变成醒目的绿色，也就是“铜锈”。

古人发现，将铜和少量锡混合在一起可以制成坚硬的青铜。这是一个巨大的技术突破，由此开创了一个被称为“青铜时代”的时期，人们用青铜制作了许多器物——从刀、盾牌到炊具和雕像。

[铜] 族类：天然元素矿物　成分：铜元素　颜色：铜色
条痕色：铜色　光泽：金属光泽　硬度：2.5　比重：8.9

钻石和硫黄虽然大不相同，却有一个很大的共同点。钻石是一种坚硬的、光彩熠熠的晶体，非常罕见；硫黄虽然偶尔会形成晶体，但通常都是一种暗黄色的物质，在很多地方都能生成。尽管如此，钻石和硫黄却是仅有的两种非金属天然元素矿物。

钻石

钻石是世界上最古老的宝石，至少有10亿年的历史，它们在地球深处锻造而成，然后被火山喷发带到地表上来。钻石是地球上最坚硬的天然物质，所以它们可以装在钻头或刀头上，用来凿穿岩石或切割玻璃。

钻石通常是透明的，但内部独特的“火彩”使得它闪闪发光。举世闻名的“希望之钻”是世界上最大的蓝色钻石之一，重达45.52克拉（9.18克），曾为法国国王和英国国王所拥有。

2004 年，科学家们发现了一颗遥远的行星，它的主要成分很可能都是碳，而且有三分之一是纯净的钻石。另外，科学家们还发现了一颗恒星，本质上相当于一整颗100亿兆兆克拉的钻石！

[钻石] 族类：天然元素矿物　成分：碳元素　颜色：无色　条痕色：白色
光泽：金刚光泽　硬度：10　比重：3.5

硫黄

煤中含有大量硫，而燃烧煤炭会向空气中排放大量二氧化硫。这种气体与水结合会形成硫酸，然后以酸雨的形式降落下来，对森林和土壤造成可怕的破坏。

硫黄呈明亮的黄色，可以燃烧。不过，千万不要点燃它，因为它会释放出一种极其难闻的有毒气体！硫黄曾被称为“燃烧的石头”，同地狱之火联系在一起！你有时可以在火山泉和火山喷气孔周围看见它形成的结壳，那乌烟瘴气的情景就好像来自地狱一样！

开采硫黄是一个臭气熏天的过程，但它对农业化肥、电池、洗涤剂、火柴和烟花真的很有用处。

[硫黄] 族类：天然元素矿物　成分：硫元素　颜色：黄色　条痕色：白色或黄色
光泽：玻璃光泽，或泥土质　硬度：2　比重：2

有些宝石看起来好像矿物，但其实并不是。琥珀、煤精和珍珠都是由生物形成的，称为“类矿物”。琥珀是古树树脂的化石。树脂沿着树皮渗下来，可以保护树木不受病害，渗落时偶尔会包裹住一些小生物，把它们永远地、完美地保存起来。人们从琥珀中发现过吃肉的植物、9900 万年前的蚂蚁，甚至还有恐龙的羽毛！琥珀会形成光滑的、不规则的水滴形状和结块形状，而且可以打磨成柔软的宝石。

[琥珀] 族类：类矿物　成分品：琥珀酸　颜色：琥珀色　条痕色：白色　光泽：树脂光泽　硬度：2　比重：1.1

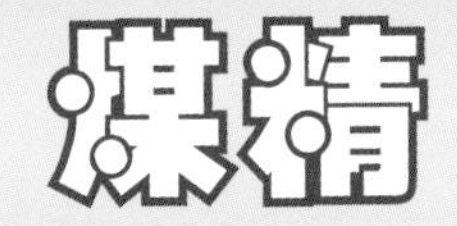

煤精

煤精的形成始于1.8亿年前。爆发的山洪将南洋杉（比如猴谜树）冲进远方的大海，这些原木浸透了水，沉入海底，经历数百万年后变得又黑又硬。煤精看起来有点儿像煤炭，但因为形成于咸水中，不含那么多的碳元素，所以条痕色是棕色而不是黑色的。从古至今，煤精一直很受人们青睐，古罗马人认为它有魔力，可以保护佩戴者免受蛇类等的伤害。

[煤精] 族类：类矿物　成分：碳　颜色：黑色　条痕色：棕色
光泽：玻璃光泽　硬度：2 –2.5　比重：1.1

珍珠

珍珠其实是软体动物的分泌物！它们是由一种叫珍珠层或珍珠母的材料构成的，牡蛎和其他贝类用这种材料层层建造起它们的外壳内衬。当某些颗粒被困在贝类的壳里时，就会围绕它形成珍珠。贝类从周围水体中摄取的矿物霰石，以及它们所分泌的一种叫壳基质的蛋白会同这些颗粒黏合在一起，逐渐生长成银白色的珠子。珍珠可以在野外生成，也可以在养殖场中生成，养殖者会向牡蛎壳内塞入刺激物，使之生长成珍珠。

[珍珠] 族类：类矿物　成分：珍珠　颜色：珍珠白
条痕色：白色　光泽：珍珠光泽　硬度：3.5–4
比重：2.9–3

太空岩石

所有离我们最近的、与我们毗邻的行星，如水星、火星和金星，都是由岩石构成的！我们的月球，以及其他行星的卫星也是如此。在火星和木星之间的小行星带上，不计其数的岩石小行星正绕着太阳运行。有时候，它们可能会穿过太空，化作陨石撞向地球。大颗陨石撞击地面的力度非常猛烈，因此会瞬间蒸发掉，但我们也有可能找到一些较小的陨石。

水星有一个巨大的铁质地核。

金星的地壳似乎主要由玄武岩构成。

陨石：大多数陨石都是石头质地，由硅酸盐和其他矿物组成，与地球上的石头一样。球粒陨石中有橄榄石和辉石构成的小球，而无球粒陨石看起来更像地球岩石。陨铁是一种主要由铁和镍组成的疙疙瘩瘩的硬块，人们认为它们来自小行星的地核。大约6600万年前，一颗直径9.6千米的陨石在尤卡坦半岛轰然坠地，爆炸产生的烟雾和尘霾将整个地球笼罩在阴云之下，恐龙就是在这次撞击中灭绝的。

月球：月球上的大部分岩石都是火成岩，是很久以前由火山作用形成的。月球上没有沉积岩，因为那里没有液态的水；也几乎没有变质岩，因为一切在很久以前就停止了运动。

火星：近年来，美国宇航局向火星发射了一些探测器，它们拍摄到了泥岩、砂岩、页岩和砾岩。火星上的沉积岩意味着在过去某个时期，这里一定有过液态的水。另外，火星上还有太阳系最大的火山——奥林匹斯山。

词语解释

白垩纪（Cretaceous）：约处于地质年代 1.45 亿年到 6600 万年前，当时形成了大量白垩。

斑岩（Porphyries）：一种小颗粒的基质中镶嵌着大颗粒的火成岩。

比重（Specific gravity, SG）：某种矿物的密度与水的密度的比值。

变质（Metamorphic）：用以描述由其他岩石在极端高温、高压条件下转化成的岩石，即变质岩。

玻璃光泽（Vitreous、Glassy）：看起来好像玻璃的光泽。

层理面（Bedding plane）：沉积岩两层之间的交界面。

长英质（Felsic）：用以描述由富含硅酸盐的岩浆形成的颜色较浅的火成岩。

沉积层（Strata）：沉积岩的一层。

沉积物（Sediment）：沉降堆积在海底、河底或湖底的物质。

沉积岩（Sedimentary rock）：由海底和其他地方的沉积物层层堆积形成的岩石。

沉积作用（Deposition）：岩石碎屑沉降、堆积在海底或湖床上，或者被冰或风搬运、堆积在陆地上。

床层（Bed）：沉积岩的一层。

地质年代（Era）：某一段漫长的地质时期，通常会持续数亿年。

光泽（Luster）：矿物表面的外观，取决于它反射光线的方式。

硅酸盐（Silicate）：由硅元素和氧元素组成的矿物，通常和其他物质混合在一起。

化合物（Compound）：两种或多种元素的化学结合物。

化学岩石（Chemical rock）：由矿物溶液留下的细粉末形成的岩石，如钙华。

火成（Igneous）：用以描述由岩浆冷却形成的岩石，即火成岩。

火山岩（Volcanic rock）：由火山喷出物形成的岩石，包括熔岩。

胶结作用（Cementation）：岩石碎屑被矿物膏体黏合在一起，形成坚硬的沉积岩层。

金刚光泽（Adamantine）：一种极其明亮、闪耀的光泽。

晶体（Crystal）：以规则几何形状形成的固体

晶体惯态（Habit）：晶体惯常生长成的形状。

矿物（Mineral）：构成岩石的数千种不同的天然固态晶体物质之一。

喷出（Extrusive）：用以描述岩浆喷发至地面上所形成的火成岩，即喷出岩。

侵入(Intrusive)：用以描述由岩浆在地下凝固形成的火成岩，即侵入岩。

侵蚀作用(Erosion)：天气、河流和海浪等自然力对岩石的侵蚀。

熔岩(Lava)：火山喷出的炽热的、熔融的岩浆。

深成(Plutonic)：用以描述岩浆在地下深处凝固形成的岩石，即深成岩。

深成岩(Pluton)：岩浆侵入地下深处形成的一种火成岩。

生化岩石(Biochemical rocks)：由生物遗骸形成的岩石，如石灰岩。

石炭纪（Carboniferous)：约处于地质年代3.6 亿年至 3 亿年前，当时大量煤层开始形成。

碎屑岩(Clastic rock)：由其他岩石风化形成的碎片或碎屑（如沙子）构成的岩石，如沙岩和黏土。

天然元素矿物(Native element)：以天然、纯净状态存在于岩石中的单一元素矿物，如金。

条痕色(Streak)：矿物划过白色瓷砖时所留下的条痕颜色。

铁镁质(Mafic)：用以描述由硅酸盐含量低的岩浆形成的颜色较深的火成岩。

伟晶岩(Pegmatite)：一种由岩浆最后剩余的部分凝固形成的颗粒非常粗大的岩石。

压实作用(Compaction)：随着更多碎屑沉积在上方，下方沉积物被挤压成一体，排出水和空气。

岩床(Sill)：一层薄薄的火成岩侵入体，通常是水平的。

岩基(Batholith)：一种巨型的火成侵入岩，形如穹顶，通常由花岗岩构成。

岩浆(Magma)：涌动在地球内部的炽热的、熔融的岩石。

岩脉(Dike)：一种薄薄的火成岩侵入体，可以是水平的、倾斜的或垂直的。

岩盆(Lopolith)：火成岩侵入不同岩层之间所形成的盆状岩体。

有机岩石(Organic rock)：由生物遗骸形成的岩石。

元素(Element)：由近 120 种基本原子中的一种构成的物质。

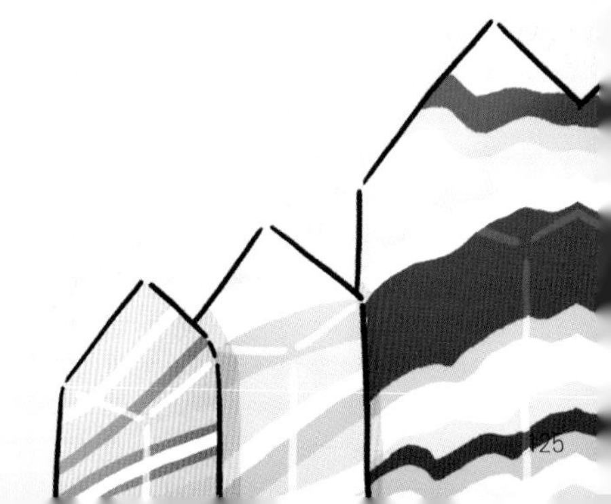

索引

感谢佐伊和米莉安为本书制作提供的帮助，她们是真正的宝石！

感谢对地层着迷的妈妈，还有我的妹妹桃子——

她对我的岩石藏品一直深深着迷。

史帆·佩特

一位居住在美国加利福尼亚州南部，喜欢将科学带进生活、带给孩子的插画艺术家！

社图号24002

ANIMATED SCIENCE: ROCKS AND MINERALS
Illustrated by Shiho Pate
Written by John Fardon

Published by arrangement with Scholastic Inc., 557 Broadway, New York, NY 10012, USA
Arranged through Inbooker Cultural Development (Beijing) Co., Ltd.

北京市版权局著作权合同登记图字：01-2024-0476 号

图书在版编目（CIP）数据

岩石和矿物 /（英）约翰·范登（John Farndon）著；（美）史帆·佩特（Shiho Pate）绘；冯超译. --北京：北京语言大学出版社，2024.6（2024.7重印）
（生动的科学）
ISBN 978-7-5619-6500-9

Ⅰ. ①岩… Ⅱ. ①约… ②史… ③冯… Ⅲ. ①岩石学-少儿读物 ②矿物学-少儿读物 Ⅳ. ①P5-49

中国国家版本馆CIP数据核字（2024）第 056192 号

岩石和矿物
YANSHI HE KUANGWU

项目策划： 阅思客文化　**责任编辑：** 郑　炜　**责任印制：** 周　燚

出版发行： 北京语言大学出版社
社　　址： 北京市海淀区学院路 15 号，100083
网　　址： www.blcup.com
电子信箱： service@blcup.com
电　　话： 编 辑 部　8610-82303670
国内发行　8610-82303650/3591/3648
海外发行　8610-82303365/3080/3668
北语书店　8610-82303653
网购咨询　8610-82303908
印　　刷： 北京中科印刷有限公司

版　次：	2024 年 6 月第 1 版	印　次：	2024 年 7 月第 2 次印刷
开　本：	787 毫米 × 1092 毫米　1 / 16	印　张：	8
字　数：	103 千字	定　价：	68.00 元

PRINTED IN CHINA

凡有印装质量问题，本社负责调换。售后 QQ 号 1367565611，电话 010-82303590